DOJIN
SENSHO
91

いいかげんな ロボット

ソフトロボットが創るしなやかな未来

鈴森康一 著

はじめに

「いいかげん」とは面白い言葉です。無責任、投げやり、といったネガティブな意味と、良いかげん、適切、といったポジティブな二つの意味を持ちます。

本書では、この二つの側面を持つ「いいかげんなロボット」についてお話しします。ロボット研究者の間では「ソフトロボット」と呼ばれています。ここ一〇年ほどの間に世界中で注目を浴び、最近のロボット研究の中ではもっともホットな研究分野の一つになっています。

これまでのロボット工学は、パワー、精密さ、効率を求めて発展してきました。その結果、産業界を中心に大きな成功を収めるのですが、一方で、生き物ならごく簡単にやってしまう行動、たとえば赤ちゃんを優しく抱きしめる、といったことはいまだにうまくできないという現実にも直面しています。赤ちゃんを優しく抱きしめるには、ミクロンオーダの精密な動きは必要ありません。力や速度もそこそこでいいのです。

現在のロボットは精密な機械部品と緻密なプログラムからできあがっています。精密、緻密を追求するあまり、不測の状況に対する余裕や順応性がなくなってはいないだろうか。もう少し〝いいかげんさ〟をロボットに与えることによってかえって〝良いかげん〟に仕事を行う、そういう可能性があるのではないか。このように考えているのが「ソフトロボット学」なのです。

従来のロボット工学は、あいまいさやいいかげんさをひたすら解決、排除し、理論的に形づくられてきた学問です。これに対し、ソフトロボット学では、いいかげんさやあいまいさを許容し、さらにそれらを積極的に活用することを考えています。いわば、従来のロボット工学とは正反対とも言えるアプローチをとるのです。

近年、次々と新しいソフトロボットが開発されていますが、本書はそれらを幅広く紹介する書籍ではありません。最新のソフトロボットの紹介を取り入れているときりがなく、いつまでたっても脱稿しませんし、単なるカタログ集となってあっという間に陳腐化してしまうからです。最新のソフトロボット開発の情報はインターネットで簡単に見つけられると思いますので、そちらをご覧ください。

本書では、その根底に流れる「ソフトロボット学」の考え方の面白さと可能性をお伝えしたいのです。

現在、日本では、新学術領域「ソフトロボット学」（二〇一八～二〇二二年度）という文部科学省の大きな研究プロジェクトが動いています。国内のさまざまな研究機関から、いろいろなバックグラウンドを持つ研究者が集まり、ソフトロボットをめざして共同で研究を進めています。すでに世界的に注目される研究成果も次々と生まれています。

私はこのプロジェクトを取りまとめる仕事をしています。本書ではこのプロジェクトで生まれたソフトロボットも例として多数取り上げながら、「ソフトロボット学」の面白さをお伝えしたいと思います。同時に研究者たちが何を考え、どのような日々を過ごしているのか、本書を通じてその一端もあわせて感じていただければと思います。大勢の才能豊かな若い研究者たちが情熱を傾け日々研究に打ち込む姿をお伝えしたいのです。

本書では技術的な細かい説明は行っていません。くわしく知りたい方のための参考文献として、比較的わかりやすく書かれた書籍、解説記事、論文をリストアップしました。ご興味のある方はぜひそちらもお読みください。できるだけ、入手が容易で平易に書かれているもの、そしてできれば和文で書かれた文献を選びました。多くは、一般に販売されていたり、たとえば、科学技術振興機構（JST）が運営するJ-STAGEといった文献データベースから無償で入手できます。あるいはウェブ上で著者名やキーワードで検索すると見つかると思います。

このような意図で参考文献を選んでいますので、必ずしもオリジナルの論文は挙げていません。違和感を持つ研究者もいると思いますが、本書の趣旨を理解いただきご容赦ください。

ソフトロボットはいいかげんなロボットです。これからの社会を切り拓く大きな可能性を持っています。

この新しい考え方をぜひ楽しんでください。ソフトロボットのユーモアあふれる動きにも触れていただきたく、動画サイトにつながる二次元バーコードを脚注に記しました。スマホ片手に本書をお楽しみください。

いいかげんなロボット◉目次

第一章

ソフトロボットとは何か

ソフトロボットとはどんなロボットでしょう？　従来のロボットと何が違い、どんなことを可能にするのでしょう？

ソフトロボットがめざす一つの目標像が下に示した絵です。道路に飛び出してきた子供を検知し、抱きとめる、こんなソフトロボットカーが普通に走る未来社会を創りたいのです。

一　従来のロボット工学の成功と限界

硬く・生真面目なロボットたち

従来のロボットは、硬い金属製のボディを持ち、緻密に作られたプログラムによって制御されてきました。その結果、大きな力、目にもとまらぬ速度、高精度の位置制御、ミスのない確実な作業、といった優れた能力を実現し、産業界で大成功しました（図1－1左）。

しかしその一方で、生き物ならごく簡単に日常的にやっている動作がいまだにうまくできない、という問題にも現在直面しているのです。たとえば、赤ちゃんを優しく抱きしめることはいまのロボットにはできません。赤ちゃんの身体に沿って優しく腕や身体を添わせ、赤ちゃんにとって心地よく抱きしめることは、人間にとってはたやすいことですが、金属製の身体からなり、機械的な動きしかできない現在のロボットにとっては、とても難しいことなのです。もっとやわらかで温かい身体と、優しく滑らかな動きが必要なのです（図1－1右）。

ロボット工学を少し勉強した人の中には、そんなことはいまのロボットでもできる、と言う人がいるかもしれません。ロボットの関節に「力制御」や「コンプライアンス制御」（ロボットの関節に「バネ」のようなやわらかい特性を持たせる制御法）を適用し、さらに硬いアームの上には肌触

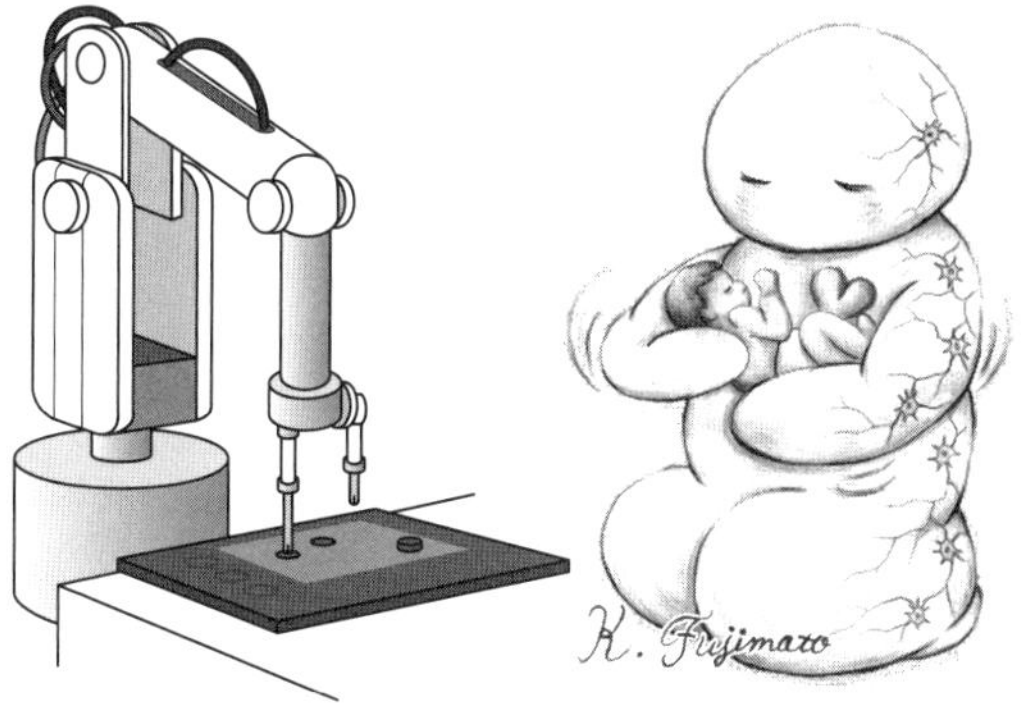

図1－1　硬く、精密なロボット（左）と、やわらかく、優しいロボット（右：新学術領域「ソフトロボット学」提供）

りの良いスポンジを巻きつければ人間と同じような動作ができるはず、と主張されるかもしれません。

しかし、現在のロボットに、ベビーシッター代わりに自分の愛する赤ちゃんを抱かせるロボット研究者は、まずいないと思います。赤ちゃんが想定外の動きをしたらロボットはどんな行動を起こすかわからないからです。たとえば急に泣き出して、抱きしめた腕から抜け出ようとしたら現在のロボットはどのように対応するでしょう？　赤ちゃんのさまざまな動きへの対処の仕方が制御プログラムに細かく記述されていなければ、ロボットはどんな行動を起こすかわかりません。赤ちゃんが腕から抜け出さないように、無理やり大きな力で抱きしめるという行動をとるかもしれません。まして、何かのはずみで赤ちゃんがセンサの信号線を引きちぎってしまえば、いまのロボットは自分が出している力の大きさを認識できなくなって暴走し、赤ちゃんの身体を押し潰してしまうことさえあり得るのです。

従来のロボットは、身体もプログラムも非常に緻密につくられてきました。身体は高精度な部品が正確に組み立てられ、プログラムにはセンサからの入力への対処法が緻密に記載されました。その結果、工場の生産ラインなど、条件がいつも整った環境においては素晴らしい能力を発揮します。しかし、さまざまなハプニングが起き、状況が刻々と変わる人間の日常生活で働くには、あまりにも緻密で生真面目すぎるのです。もっと融通性とか適応性とか、想定外のハプニングに対しても〝そこそこうまく〟対応する能力が必要なのです。

従来の正確で緻密なやり方でロボット研究を推し進めることで、赤ちゃんを優しく抱きしめられるロボットの実現に到達できるのでしょうか？　いままでとは違った新しい考え方を導入する必要はないのでしょうか？

その新しい考え方の有力な候補が、本書のテーマ「いいかげんなロボット」あるいはもう少し学術的にまじめに言うと「ソフトロボット」なのです。

いいかげんなロボットたち

もうおわかりになったかと思いますが、ソフトロボットとは、単に物理的にやわらかい身体を持つロボットだけをさすのではありません。やわらかな動きや、状況に応じて臨機応変に対応できるしなやかな知能をも含む概念です。

もともと、「やわらかい」という言葉は、たとえば、「やわらかい人当たり」、「やわらかい頭」、「やわらかい日差し」など、物理的な面だけではなく、人や人を取り巻く環境に見られる融通性や穏やかさを表す場合にも使われます。ソフトロボットにおける「やわらかさ」の考え方もそれと同じです。

「しなやか」という言葉もあります。似たような意味の言葉ですが、「しなやか」には、やわらかさの中にもちょっと芯の通った〝強さ〟を感じますね。ソフトロボットにはそういう一面もあります。単に優しいだけではなく、芯が通った〝強さ〟を見せる場合があるのです。本書では話の流れに応じて両方の言葉を使います。

有史以来、科学技術はひたすら、力・速度・精度・効率を追い求めてきたとは言えないでしょうか？　たとえば、古代ピラミッドに始まる大型建造物、兵器、移動機械（船、車、鉄道、飛行機）、ワットの蒸気機関に始まる各種産業機械、化学工学、エネルギー、通信、コンピュータ、そして従来の産業用ロボット……どれを思い浮かべても、力・速度・精度・効率を追い求めてきました。そしてこの目的を実現するために、従来の工学（機械、電気、化学、建築、土木、通信情報）ではひたすら「硬くて強い」材料や構造が使われてきました。

ちょっと専門的な例になりますが、現在のロボットの駆動ではハーモニックドライブと呼ばれる「歯車機構」が頻繁に使われます。歯車機構にはいろいろな種類がありますが、ハーモニックドライブはちょっと変わっています。やわらかい歯車で形成されているのです。「やわらかい」と言ってもそもそも金属製で、数キロの力をかけるとほんの少し歪む、といったものですが、このくらいの微々たる〝やわらかさ〟さえも、従来のロボット工学では問題になることがあります。極限的な精度や速度を狙うとき、このわずかな〝やわらかさ〟が振動の発生や位置決め精度の低下を招き、ロボットの高性能化を進めるネックとなってしまうことがあるのです。このくらい、従来のロボット、とくに工場で働く産業用ロボットでは〝やわらかさ〟は嫌われてきました。

その〝やわらかさ〟を積極的に取り入れようというのがソフトロボットです。ですから最近私は、ソフトロボットがめざす方向や価値観は従来のロボット工学、さらに広げて、従来の科学技術とは真逆なのではないか？　と、思うことがあります。

例外もあるとは思いますが、一般にソフトロボットでは高精度の位置決め性能は要求されません。力や速度に関しても、人間を相手にするソフトロボットでは、通常は、そこそこの性能で十分です。

ソフトロボットのアームは力をかけると撓《たわ》んでしまいます。時間が経つと変質する不安定な材料もソフトロボットでは積極的に使います。ミスをしながら学習していく人工知能も積極的に取り入れます。こうしてできあがったロボットは、従来のロボット工学の価値観から見れば、〝ダメ〟ロボットです。力をかけると撓むアームは強度不足のダメ設計です。位置決め精度はまったく出せません。時間が経つと変質する材料も、ミスをする知能も、従来のロボット工学では許されません。パワーと緻密さをめざしてきた従来のロボット工学から見れば、ソフトロボットは、あまりにも「いいかげん（無責任）」なロボットなのです。

しかし、ソフトロボットにおいては、これらは「いいかげん（良いかげん）」に機能します。赤ちゃんを優しく抱きしめる際には、抱きしめ力を正確に制御する必要はありません。腕の姿勢だって厳密な要求があるわけではありません。その代わり、赤ちゃんが寝返りをしても、伸びをしても、それに自然に対応して腕の姿勢や力を変える、適応性や順応性が求められます。ソフトロボットにはそれが期待できるのです。

「いいかげん」は、無責任、手抜き、あいまいといったネガティブな意味と、いい塩梅《あんばい》、ちょうど良いかげん、といったポジティブな意味をあわせ持つ面白い言葉です。この言葉はソフトロボットが持つ二つの側面、すなわち、従来のロボット工学から見ると「いいかげん（無責任）」だが、「いいかげん（良いかげん）」に機能するという両面を、うまく表す言葉です。「いいかげん」は本書を貫くキーワードです。最終章でさらにくわしく、ロボット学から科学技術全体に視野を広げてお話ししたいと思います。

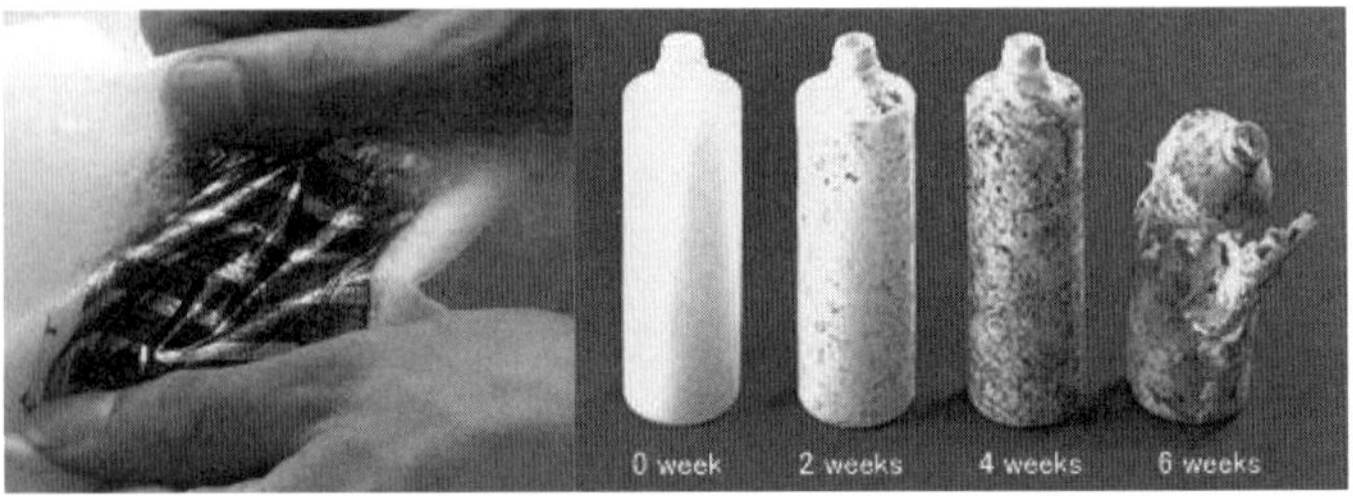

図1－2　フレキシブルな電子回路（左：福田憲二郎氏提供）、土壌中で生分解性プラスチックが朽ちていく様子（右：日本バイオプラスチック協会提供）

次々と生まれる〝やわらか〟技術

近年、ロボット工学以外でも〝やわらかさ〟に関する研究成果が次々と生まれています。たとえば、機械・電気の分野では、やわらかい電子回路や機械、材料の分野では、ゲルの3Dプリンタや生体由来材料、情報の分野ではディープラーニングを使った人工知能です。やわらかく変形する電子回路（**図1－2**左）は折りたためるスマートフォンやディスプレイに必須の技術です。生分解性プラスチック（**図1－2**右）はプラスチックごみ問題[1]の解決手段として社会的に大変重要な技術です。人工知能は、状況に応じて柔軟に対応できる知能として、従来の常識を変える価値を次々と生み出しています。

しかし、これらの〝やわらかい〟技術は、従来の科学技術の価値観から見るといずれも〝ダメ〟技術なのです。従来の電子回路技術は、ひたすら高集積・高生産性をめざしてきました。ナノメートル（10^{-6} mm）レベルの微細加工を確実に行うには、変形しない硬い基板の上に電子回路を作ることが必要です。箇単に変形するような基板の上に超精密回路は作れません。

従来の材料科学は一般に、ひたすら硬く安定した材料を追及していました。時間が経つと変質し、挙句の果てには朽ち果ててしまう材料は〝失敗作〟です。従来の情報科学は、大量のデータを一ビットのエラーもなく、常に確実に処理することをめざしてきました。同じデータを入力したらいつも確実に同じ出力になることを追い求めてきたのです。いまの人工知能は違います。いまの人工知能に「おはよう」という声掛けをしても、いつも同じ答えが返ってくるとは限りません。学習の進み具合や、その他さまざまな要因によって、同じ入力に対しても違った反応をしてきます。

そうです。〝やわらかい〟技術は、従来の科学技術の価値観で見ると、やわらかすぎて、不安定で、いいかげんな技術なのです。

しかし、その不安定さが価値を生み、良いかげんに機能する点に〝やわらかい〟技術が持つ大きな可能性があるのです。

やわらかさに関する近年の研究事例は、ほかにもたくさんあります。なぜ近年、やわらかく不安定な科学技術があちこちで生まれるようになったのかについては、最終章で私見を述べることにします。

従来のロボット工学に、近年あちこちで次々と生まれている〝やわらかさ〟に関する技術を導入することにより、適応性や融通性に富んだ、いままでとは大きく異なる性質を持った新しいロボットが実現できるのではないか、これがソフトロボット研究の大きなモチベーションになっています。

生き物への憧れ

ソフトロボット研究の背景にあるもう一つの重要なモチベーションは、生き物への憧れです。ロボット研究者の多くは、生き物への強い憧れを持っています。人造人間を作りたい、生き物のように生き生きと動く機械を作りたい、こういった夢を持ってロボット学の道を志した研究者は大勢います。ロボット研究者にとって、生き物は長い進化の歴史を通して自然界が創り上げた〝ロボットのお手本〟であり、ロボットを作るうえでのさまざまなアイディアやヒントの宝庫です。ロボット学と生物学が融合したバイオロボティクスや、生き物の構造やしくみを模倣するバイオミメティクス（生物模倣）といった分野において、多くの研究が活発に進められているのもそのような背景があるからです。

ここでも近年とくに注目されているのが、生き物の〝やわらかさ〟です（**図1-3**）。

変幻自在に形を変えるタコは、狭い隙間をびっくりするような形に身体を変えて通り抜けます。動物の跳躍は体幹の弾性を利用した瞬発力によるものです。現在、動物をまねた脚歩行ロボットのうち、胴体を大きく弾性変形させてダイナミックに動くものはほとんどいません。
鳥の翼は複雑な柔らかさ分布を持っています。これを空気中で動かすと空気の抵抗を受けて翼はしなやかに変形します。このとき翼は、空力学的に見てなめらかな空気の流れを作り出し、大きな揚力を生み出す適切な形をとっています。変形しない硬い板を空気中ではばたかせても大きな揚力は得られません。

現在のロボットと生き物の最大の違いの一つは、増殖・成長・自己修復といった細胞分裂に関係する機能です。このような機能は、一部の特殊な例を除けば、現在のロボットは持っておらず、ロボット研究者が憧れる究極の機能です。ソフトロボットの研究者は、ロボット自身の

変幻自在

身体の柔軟性を利用した跳躍

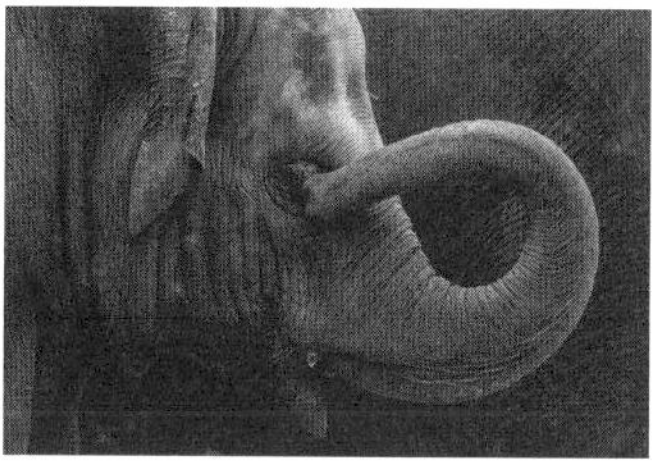

形状適応性

図1－3　〝やわらかさ〟を利用して動作する自然界の生き物たち

身体が変化するこのような機能の実現も視野に入れて研究を進めています。

二　ソフトロボットの歴史

ソフトロボットに関する研究分野は、ソフトロボット学あるいはソフトロボティクス（Soft robotics）と呼ばれます。本書ではソフトロボット学と呼びます。

すでに気づかれた方もいらっしゃると思いますが、本書では、従来のロボットに関する学問をロボット工学と呼んでいます。従来のロボット研究は、機械工学、電気工学、情報工学が中心となって進められ、工学の一領域という側面が強かったからです。これに対して、ソフトロボットを実現するにはそれ以外に、材料科学や生物学などさまざまな分野の融合が必要で、工学の中だけでは収まりません。そこで、ソフトロボットに関する学問は一般に「工」の字を外して呼ばれます。本書では、ロボット工学、ソフトロボット学に加えて、両者を含んだロボット全体にかかわる概念をロボット学と呼んで話を進めます。

一九七〇～九〇年代の日本

ソフトロボット学はこの一〇年ほどの間に世界中で急速に注目されてきましたが、じつは国内ではすでに一九七〇年代から、さまざまなソフトロボットやソフトアクチュエータの研究が盛んに進められていました（アクチュエータというのは、モータや人工筋肉のように、動きや力を発生する装置の総称です）。

そのいくつかの例を紹介します。

物理化学変化に伴う高分子材料の変形を利用してアクチュエータや軟体機械を作ろうという試みは、メカノケミカル研究と呼ばれ、古くから日本で先駆的な研究が進められてきました。とくに、化学的な関心からだけではなく、やわらかい〝動く機械〟をめざしていた点は特筆すべきことです(2)(3)。

一九八〇年代後半からは、さまざまな原理のソフトアクチュエータの開発とソフトロボットへの応用研究が進みました。FMA（フレキシブルマイクロアクチュエータ）は、私が一九八〇年代後半に開発したソフトアクチュエータです。ゴム製で、内部に空気を送り込むと動作します(4)（**図1－4**a［▶**1－1**］）。このアクチュエータについては第三章でくわしく説明します。静電フィルムアクチュエータは東京大学で開発された薄い樹脂フィルムから構成されるアクチュエータで静電気の力で動きます(5)（**図1－4**b［▶**1－2**］）。フィルムを曲げた状態でも動きます。

同時期には、PVDF（ポリフッ化ビニリデン）と呼ぶ圧電性樹脂を使った微小移動機械（電圧をかけると湾曲動作を繰り返して移動する）(6)（**図1－4**c）や、SMA（形状記憶合金、熱をかけると変形する金属）

▶1-1

▶1-2

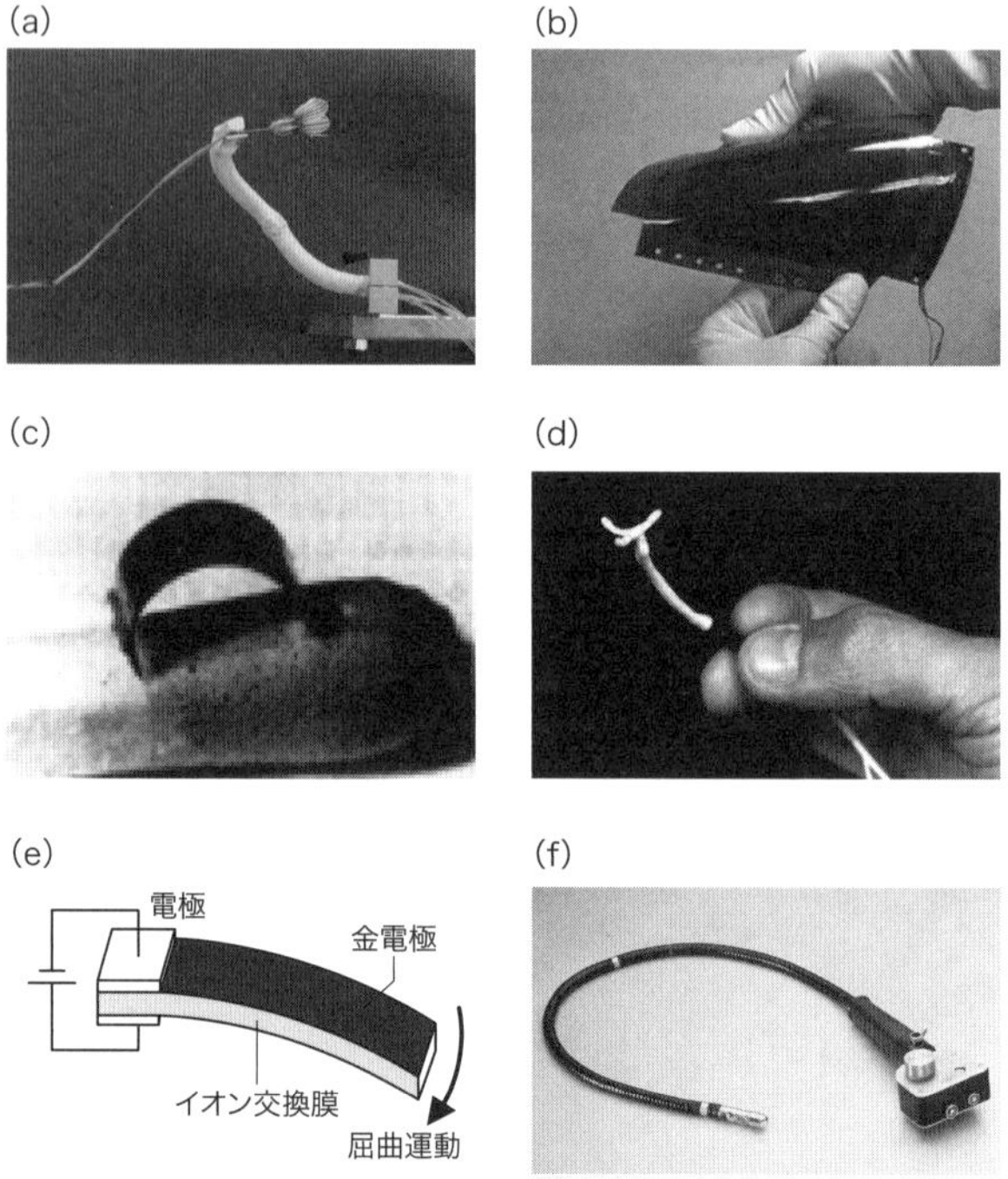

図1－4　古くから国内で開発されているソフトロボットの例。(a) FMA（鈴森，1987）、(b) Film actuator（樋口，1990）、(c) PVDF（林，1990頃）、(d) SMA（本間，1984）、(e) IPMC（小黒，1992）、(f) 胃カメラ（オリンパス，1950。オリンパス株式会社提供）

をシリコーン樹脂で覆った小型ロボットアーム(7)(**図1−4d**)、IPMC(イオン交換ポリマーメタル複合体、電気を流すと変形する)(8)(**図1−4e**)といった、やわらかく、大きく変形するソフトアクチュエータやソフトロボットが次々と開発されました。とくにIPMCは日本発祥の材料で、現在世界中のソフトロボット研究の最前線で研究が進められているアクチュエータの一つです。これについても第三章でくわしく説明します。

特筆すべきは、胃や大腸の検査に用いる内視鏡の開発だと思います(**図1−4f**)。一九五〇年頃にオリンパスによって胃カメラが開発されて以来(9)、ファイバースコープ、電子内視鏡と次々と進化し、現在、世界の内視鏡の九割を日本のメーカが占めるという誇るべき「ソフトロボット」です。一般には、内視鏡を「ソフトロボット」と呼ぶことはありませんが、私は世界でもっとも活躍する「ソフトロボット」だと思っています。それまでは医学的な興味から胃の中を見るために、内部に鏡を配置した硬いまっすぐなパイプ(硬性鏡)を飲み込ませたこともあったそうです。といっても飲めるのは剣を飲みこむ芸をする曲芸師に限られます。

現在の内視鏡は、人間の消化管の形に沿って変形しながら体の奥深くに侵入します。これはまさにソフトロボットです。

この時期、やわらかさに関するさまざまな一般向けの啓蒙書も出版されています。一例を挙げると、森政弘『「非まじめ」のすすめ(10)』、広瀬茂男『生物機械工学(11)』、木下源一郎『やわらかいロボット』[12]です。

一九九六〜二〇〇〇年には、日本学術振興会の大きな研究プロジェクト「マイクロメカトロニクス・ソフトメカニクス」が実施されました[13]。ソフトロボットをターゲットの一つとした、おそらく世界初の組織的な研究プロジェクトです。

以上の例が示すように、ソフトロボットは、わが国のお家芸だったと言ってよいと思います。事実、ソフトアクチュエータとソフトロボットに関するキーワードを使って世界で発表された学術論文の数を調べてみると、キーワードやデータベースの選び方にもよりますが、二〇一三年あたりまでは日本が世界トップの座を占めます。残念ながら近年は中国と米国が急激に論文数を増やし、これを日本とヨーロッパ各国からなる第二集団が追いかける、という状況になっています。日本人研究者としてはちょっと残念ですが、海外で活躍する日本人研究者もいますし、国際的な連携のもとで進む優れた共同研究も増えているので、日本と海外との比較を過度に意識することは視野が狭いのかもしれません。

二〇一〇年からの世界の動き

二〇一〇年ごろから、世界中でソフトロボットへの注目が急速に高まり、研究が活発になりました。

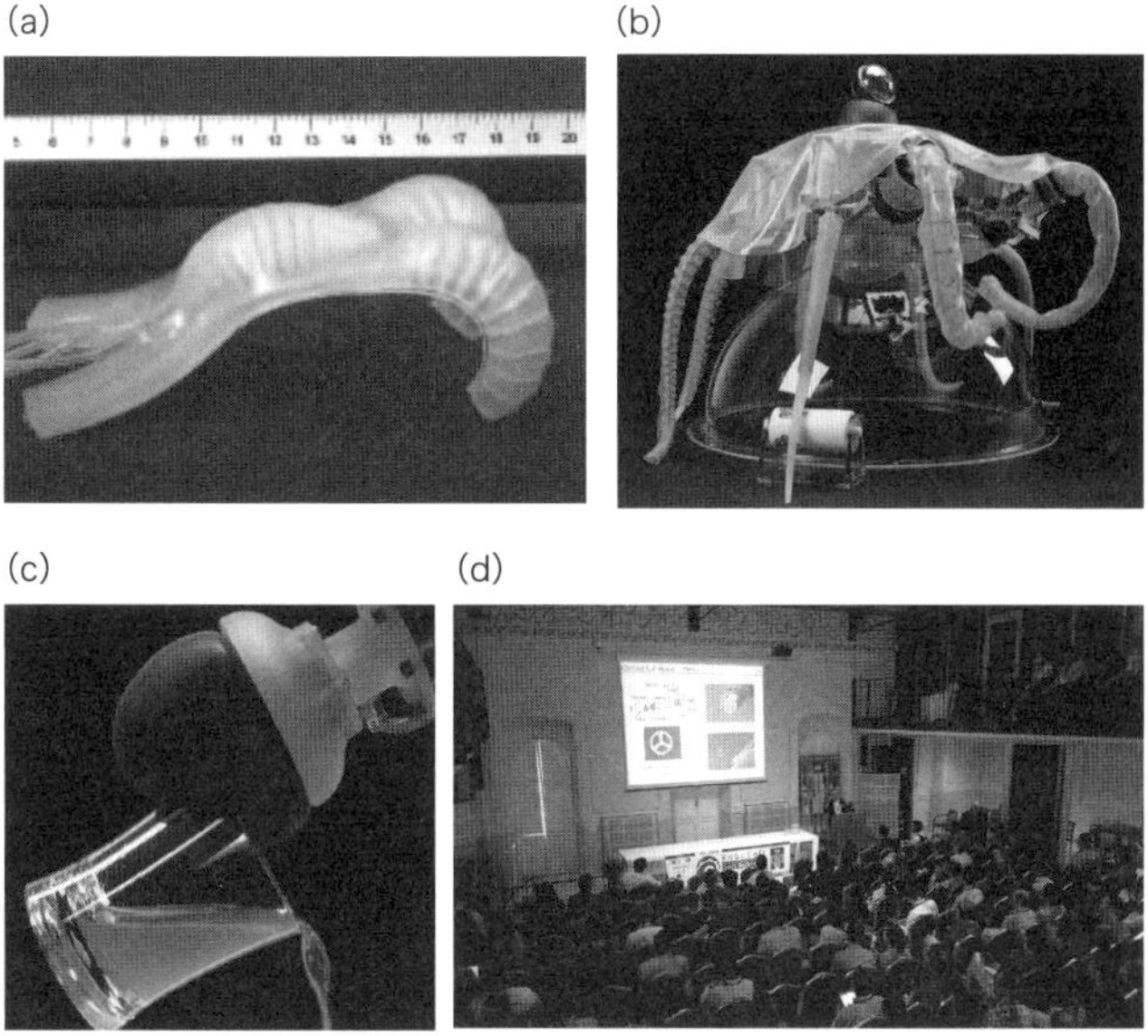

図1－5　世界のソフトロボット研究例。（a）4脚ロボット（R. Shepherd 氏提供）、（b）タコロボット（C. Laschi 氏提供。photo credits to Jennie Hills, Science Museum, London）、（c）ジャミンググリッパ（John Amend 氏提供）、（d）第1回 Robosoft 2018。

米国では、ChemBots（ケミカルロボットを略した造語）というプロジェクトが二〇〇八〜一〇年に行われました。有名な成果が、シリコーンゴム製の四脚ロボット[14]（**図1－5**a［▶**1－3**］）や、相手の形状に適応して変形しなんでもつかめるジャミンググリッパ、俗称、ドラえもんハンドです[15]（**図1－5**c［▶**1－4**］）。これらはゴム製のボディ内部の空間に空気を出し入れすることによって動作します。詳細は後述します。従来の硬いロボットや機械とはまったく異なった

▶1-4

▶1-3

ユニークな動きはインターネットを通じて世界中に広まり、ソフトロボット研究の熱が一気に盛り上がりました。

『ベイマックス（原題：Big Hero 6）』という二〇一四年のディズニー映画はご存じでしょうか。近未来のサンフランソウキョウ（東京とサンフランシスコを混ぜた架空都市）において、風船型のやわらかい身体を持つソフトロボットが活躍するアニメーション映画です。ソフトロボットの魅力と可能性がふんだんに表現されています［▶1-5］。じつは、私が勤務する東京工業大学のキャンパスやシンボルマークがあちこちでパロディ的に使われていて、知る人にとってはその点を楽しめる映画でもあります。

じつはこの映画は、米国の研究者らがソフトロボットの社会的期待を高めるためにディズニーへ働きかけて生まれた映画です。研究者というのは、研究環境作りのためいろいろな仕事をしているのです。

ヨーロッパでは二〇〇九～一三年に、Octopusと呼ぶ大型研究プロジェクトが実施されました[16]。タコの変幻自在に変化するやわらかいボディと、全身に分散する神経細胞による高い知能に着目し、タコをまねたロボットを作り上げ、その秘密を解き明かそうとするものです（図1-5b）。

ソフトロボットに特化した国際学会や学術雑誌も新たに誕生しました。二〇一八年にはソフ

▶1-5

トロボットの国際学会（IEEE RoboSoft）が始まり、以来、ソフトロボットに関するもっとも活発な会議として毎年開催されています。[17] 図1-5dは、イタリアで開催された第一回会議の様子です。私が冒頭、基調講演をしたときの写真です。

ソフトロボットの研究成果は、*Soft Robotics* や *Science Robotics* という論文誌に多数掲載されています。この二つの論文誌はロボット関係の中では非常に高いインパクトファクタ（IF）を持っており、ソフトロボットに対する関心の高さが窺えます。IFというのは、各論文誌の学術界への影響を示す指標の一つです。俗な言い方をすれば論文誌のランキング指標です。IFの高い論文誌に研究成果を発表することは、研究者としての評価や職探しにも影響するので、とくに若い研究者にとっては重要な目標の一つです。

日本では二〇一八年から五年計画で、文科省の科研費新学術領域「ソフトロボット学」プロジェクトが進められています。国内のさまざまな大学や研究機関からいろいろな分野の研究者が集まって進める大きな異分野融合研究です。研究に携わる大学院生も数に入れると、一五〇人を超える研究者が現在このプロジェクトの下、日々研究を進めています。じつは本書でこれから紹介する多くのソフトロボットは、そのプロジェクトに関連するものです。

以上、ごく簡単にソフトロボット研究の現状を紹介しました。近年、ソフトロボットに関連する一般向けの解説書も出版されていますのであわせてご参考ください。[18]

三　ソフトロボットとは何か

ここまで読まれて、ソフトロボットとはどんなロボットか、おおよそのイメージはつかんでいただけたと思いますが、定義となると専門家の間でもいろいろな考え方があって、まだ確定的なものはありません。しかし一般的には「やわらかい身体を持ち、環境や対象物に対して柔軟性と適応性を持って作用するロボット[19]」と言ってよいかと思います。

ひと言で表すのであれば、ソフトロボットとは「いいかげんなロボット」だと私は思います。第一節で述べたように、従来のロボット工学から見ればソフトロボットは精度も信頼性も悪く〝ダメロボット〟なのですが、外界への適応性・順応性を持ち、〝良いかげん〟に機能するからです。このような視点で従来のロボットと比較しながら、ソフトロボットの特徴を考えてみます。

〝不安定〟が生み出す適応性・順応性

ソフトロボットは〝不安定〟です。力をかけると撓みますし、時間が経つと変質する材料からできているからです。

〝不安定〟と言うとネガティブに聞こえますが、別の見方をすると、環境の影響を受けて自分自身の状態を容易に変える特性とも言えます。環境に対応して変化するからこそ「適応、順応」といった機能が出現するのです。従来の硬いロボットは外界の影響を受けず、指示されたとおりの作業を確実にこなしますが、見方を変えれば、外界の状況変化に対応しないのです。環境の変化に対する適応や、ミスを乗り越えての学習や成長といった機能は出現しません。

物理的な不安定性は、扱う対象物や周囲に対する幾何学的・力学的適応性を実現します。扱う対象物が楕円形状であれば、身体を対象物に押し当てることで、自分の身体を楕円形に変化させ、自分の形を相手に適応させます。相手が割れやすいガラス製品の場合は、身体の弾性を利用することで適度な接触力を維持します。

ソフトロボットでは化学的に不安定な材料がしばしば使われます。たとえばゴム製のソフトロボットの身体は、温度が下がると固くなり弾性を失いますし、温度が上がると弾性を取り戻します。屋外で長時間紫外線に当たっていればボロボロになってしまいます。ゲル製のロボットは空中に置いておくと乾いてしまいます。

しかし、これこそが環境に対する適応反応です。冬山では筋肉がこわばり、温泉に入ると身体の緊張がほぐれ、陽に当たれば皮膚の色が変わり、空気が乾燥すると肌が乾燥するのとよく似ていると思いませんか。

外気が下がると血管を収縮させて体温の散逸を防ぎ、外気が上がると血管を拡張させ放熱する。生き物の身体で行われるこのような適応反応を、不安定な材料を使うことでソフトロボットでも実現できると私は思います。

〝あいまいさ〟の許容と活用

従来のロボットは、有限個（産業用ロボットの場合は通常四から七個程度）の関節から構成され、これらを動かすことでさまざまな姿勢をとります。ロボットの状態は、関節の個数に対応する有限個のパラメータで完全に表現できます。**図1－6**上に示す四つの回転関節を持つロボットを例にとれば、各関節の回転角度を表す四つのパラメータθ_1～θ_4と、各関節のモーメント（回転力）を表す四つのパラメータM_1～M_4の、合計八個のパラメータで、このロボットの状態は完全に表現できます。工学ではこれを集中系と呼びます。

一方、多くのソフトロボットの身体は連続系です（**図1－6**中）。身体のあらゆる部分が変形するので、理論的な取り扱いは非常に難しくなります。工学ではしばしば、ソフトロボットを多くの関節からなるロボットにモデル化して扱いますが（**図1－6**下）、連続系のロボットの状態を表現するには、非常に多くの（厳密に表現するには無限個の）関節を使ったモデルが必要になります。

従来のロボット工学はとても論理的な学問で、ロボットの身体や制御法は数式モデルを使って緻密に設計されますが、ソフトロボットは、理論的な取り扱いが難しすぎてその状態を完全に把握、制御することはなかなかできません。ソフトロボット学では、あいまいさや誤差の存在を受け入れるとともに、さらにそれらを活用する新しい考え方が必要だと私は思っています。あいまいさや誤差を活用？　疑問に思われるかもしれませんが、まさに本書のテーマ「いいかげん」の本質です。この後、少しずつお話ししていきます。

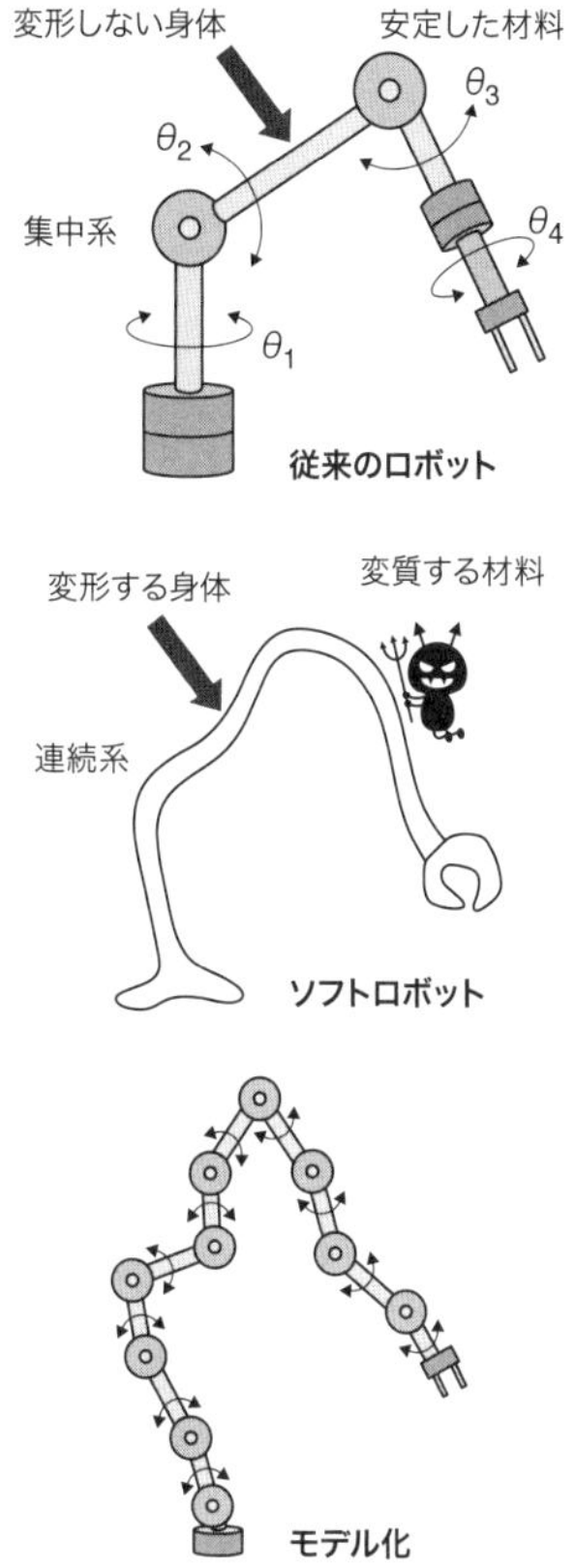

図1－6　従来のロボットとソフトロボットの比較

現場への権限移譲

従来のロボットでは、関節数と同じ数のモータを搭載して、各関節を設計者の意のとおり動かします。いわば設計者と制御コンピュータが、ロボットのすべてを把握、支配する〝中央集権〟方式がとられます。

ソフトロボット学ではこんなやり方はできません。ソフトロボットでこれをやろうとすると、非常に多くのモータとセンサを搭載する必要が生じます。完全に把握、支配するには無限個のモータとセンサが必要になり、現実的に不可能です。

そこでソフトロボット学では、〝現場への権限移譲〟方式をとります。すべての関節の動きをコントロールすることはせず、いくつかの関節のみにモータとセンサを配置し、あとの関節の動きについては、制御コンピュータからは指令を出さない、すなわち「現場の判断で適当に動いてくれ」というやり方です。従来のロボット工学の常識から見れば〝無責任〟とも言えるやり方です。

しかし、この〝現場への権限移譲〟方式が、相手の形状への倣《なら》い動作や、大きな力の集中の回避、といった機能を実現します。モータを搭載しない関節をバネなどで支えて、ある程度自由に動くようにしておけば、接触相手との物理的な干渉によって適切な動きが自然に決まるのです。もちろん、丸投げや不適切な権限移譲をすればロボットは機能しませんが、適切な権限

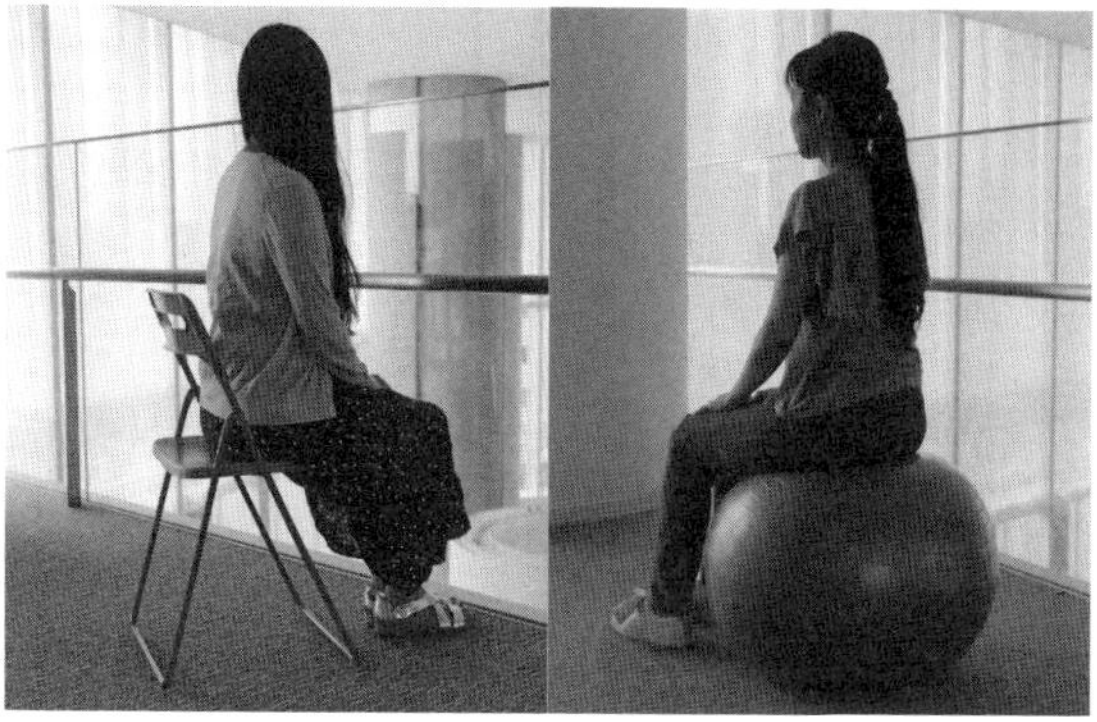

図1−7　パイプ椅子とバランスボール

移譲は、設計者や制御コンピュータが知恵を絞って考えだす動かし方よりも、はるかに適切な動きをすることがあります。このような機能をいかにうまく出現させるかが、ソフトロボット学が探求するところです。

パイプ椅子とバランスボール

従来の硬いロボットとソフトロボットの関係は、パイプ椅子とバランスボールの関係にたとえられます（**図1−7**）。

パイプ椅子の主要な部分は金属の硬い素材から成り立っています。パイプ椅子は環境の状況に自らなじむ気はまったくありません。人にたとえるなら、いわゆる〝堅物〟です。ですから凸凹な床の上に置くとガタガタしますし、座る人の座り心地などあまり考えません。その代わり椅子自体の構造は安定しており頑丈です。普通に使っていれば数年で座り心地が変わるということはありません。

バランスボールはこれとは逆です。床やお尻の形状になじんで変形することで、周囲への優れた適応性を示します。〝軟派キャラ〟とたとえられるかもしれません。その代わり一般的には、裂けやすく変質しやすい材料でできています。空気が抜ければ座り心地も変わります。不安定です。

パイプ椅子は座面と背もたれ面が回転しますので、パイプ椅子の形の状態は、一つのパラメータ、たとえば、座面と背もたれがなす角度で表せます。パイプ自体は変形しませんから、この一つのパラメータでパイプ椅子の形は完全に表現できます。一方、バランスボールの形はどのように表現すればよいでしょう？　バランスボールは荷重のかかり方によってさまざまな形に変化するので、簡単には数式で表現できません。非常に多くのパラメータが必要です。実際は、床からの反力やお尻からの荷重によって自然に決まるのですが、どのような形になるのかは、設計者にも細かくはわからないのです。

※　※　※

ここまで、ソフトロボットの大まかなイメージをつかんでいただけたでしょうか。次章からは、いよいよソフトロボットの、身体、動き、知能、について具体例をもとに順に見ていきましょう。

第二章

しなやかな身体——変形・変化する身体

従来のロボット工学は「身体は変化しない」という前提で成り立っていました。時間とともに体重が増えたり、硬さが変わったりしないという前提で、理論が展開されてきました。

ソフトロボット学では、力をかけると簡単に形を変える材料や、時間とともに変質する材料を使います。これによって順応性や適応性が生まれるのです。

「変形・変化する身体」を設計し活用するには、新しいロボット学が必要です。

一　やわらかな身体ができること

ロボットの身体が〝やわらかい〟と、何ができるようになるのでしょうか。具体例を見ながら考えてみましょう。

力学的・幾何学的適応

相手の形に倣って受動的に変形し、適度な力で相手に接する。形状適応はまず最初に挙がる代表的な機能です。力学的・幾何学的適応とも言えます。

ガラス製品は、硬い指を持つ従来のロボットハンドにとって、もっとも取り扱いにくい対象物の一つです。少しきつく握ると割れてしまいますし、逆に少しでも緩く持つと滑り落ちます。従来のロボットハンドにとっては、やわらかいゴムボールを握るほうがはるかに容易です。少しだけきつめに握れば、ゴムボールがロボットの指の形になじむように変形するので安定した把持が実現できるからです、そもそも物を握るということは、ハンドと対象物が安定した接触状態を保つことです。硬い指と硬い対象物どうしをしっくり接触させるのは、じつは非常に難しいのです。

図2－1aは、FMA〔フレキシブルマイクロアクチュエータ（第一章二節でもすでに紹介しました。本章でさらにくわしく説明します）〕から構成されたハンドです[1]。上部にツバを持ったガラスビーカに対しても、その形になじむように変形して安定した把持を行います。硬い指を使うと、ビーカのツバに大きな力が集中し、その部分が欠けてしまいます。やわらかい指は、相手の形状に合わせて変形するとともに、接触力を分散させます。

形状適応の効果は、相手が自然界の物の場合さらに顕著になります。たとえばリンゴの収穫ロボット、あるいはその集荷・梱包ラインのロボットを想像してみましょう。リンゴは工業製品と違って形や大きさが一定ではありません。個々のリンゴの形や大きさに応じて適切な形に

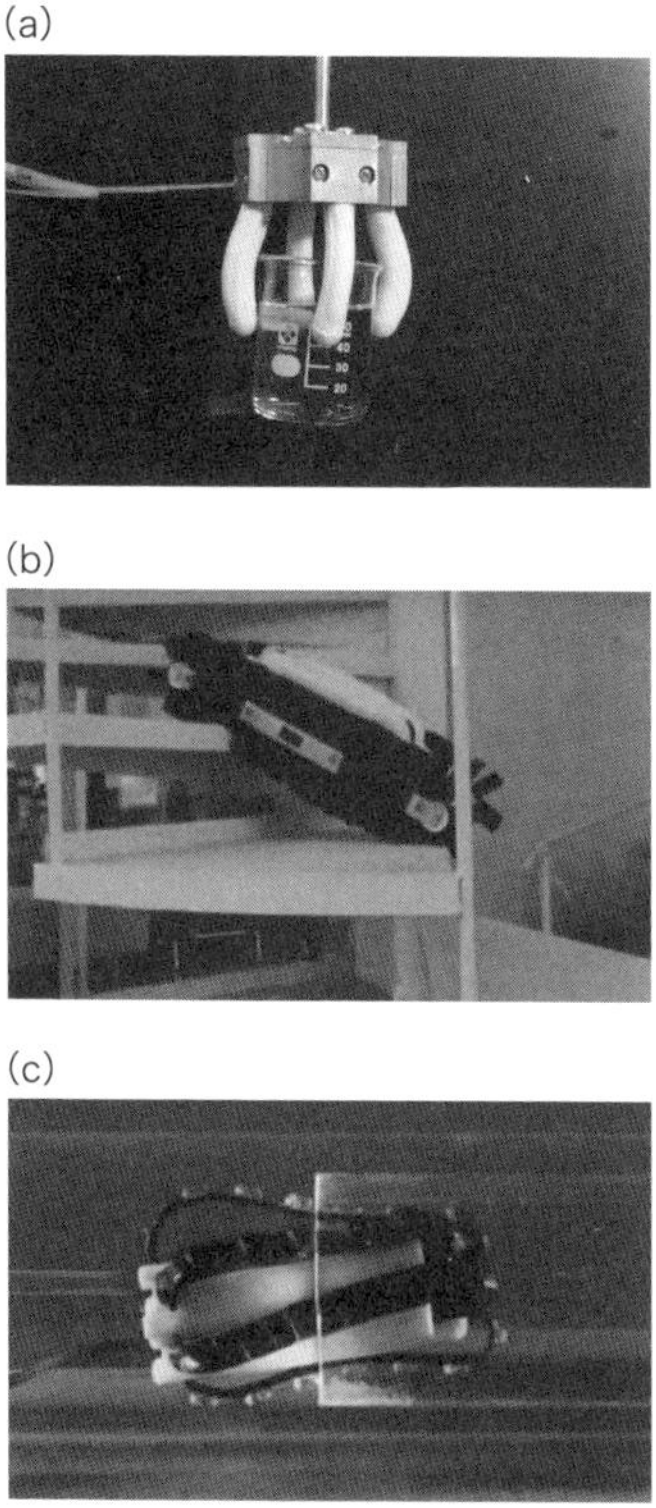

図2－1　形状適応の例。(a) FMAハンド、(b) クローラロボット（AMOEBA ENERGY社提供）、(c) 管内移動ロボット（永瀬純也氏提供）

指を変形させ、傷つけないように安定に把持するには形状適応機能が不可欠です。

キャタピラ（ロボット工学ではクローラと呼びます）は不整地の移動手段として古くから使われています。AMOEBA ENERGY社は、青野真士先生（慶應義塾大学）らが作られた、軟体生物の代表アメーバを社名に冠した大学発ベンチャー企業です。ここで開発されたロボットのクローラは、非常にやわらかいスポンジでできています（**図2－1**b）。やわらかいクローラは、階段の形状になじんで変形することで、さまざまな階段に対してぴったりフィットし、安定した走行ができます［▶**2－1**］。集合住宅の狭く急な階段での荷物運搬にも応用されています。

アメーバつながりで、永瀬純也先生（龍谷大学）が開発した管内点検ロボットを紹介しましょう。[2] ガス管や水道管などパイプの内部を検査するニーズは昔から高く、これまでにさまざまな管内検査ロボットが開発されています。難題の一つは、管径が変化する部分や屈曲部、分岐部の通過です。**図2－1**cの図は、永瀬先生のロボットが大きな内径のパイプから小さな内径のパイプに入り込む様子です。垂直管や屈曲部の通過もできますし［▶**2－2**］、改良モデルでは分岐部を好きな方向に進むこともできます。

永瀬先生はアメーバが移動するしくみにヒントを得たそうです。アメーバは流動性の細胞質を身体の表面に沿って前方から後方へ送り、一番うしろに達した細胞質は体内を通ってまた前方に送られます。このように細胞質が体内外をぐるぐると循環することでアメーバは移動する

▶2-1

▶2-2

そうです。

永瀬先生はこの細胞質を環状のベルトに置き換えました。ロボット胴体内部のモータが複数の環状のベルトを駆動して進みます。それぞれのベルトは胴体内を後方から前方に送られ、前方から外へ出たベルトは後方へ送られ、また体内に入る、といった具合にぐるぐると回ります。ベルトが径方向に変形するので管壁と適切な接触を保つことができ、パイプの形状に適応しながら安定に走行できるのです。

私もさまざまな管内検査ロボットを開発してきました。

硬いメカニズムを使った管内点検ロボットでは、何かのきっかけでロボットの一部が曲がり管の角に引っ掛かると、その状態から簡単には脱出できなくなることがしばしばあります。これはスタック（立ち往生）という状況で、管内点検ロボットではもっとも避けなければならないトラブルです。一方、ソフトロボットの場合は、万一スタックが生じても、ごそごそと何度か適当に動かすだけで、うまい具合にロボット身体が勝手に変形して、簡単に脱出することができます。ソフトロボットの〝いいかげんさ・あいまいさ〟の威力を強く実感しました。

しなやかな強さ・たくましさ！

一般に、やわらかいものは〝弱い〟と考えられがちです。しかし、その逆も日常でよく経験

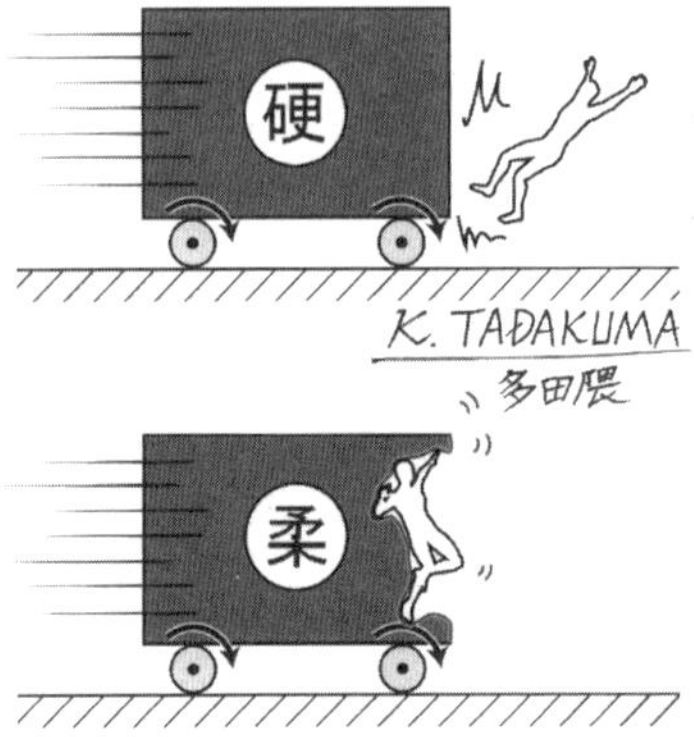

図2－2　やわらかさは衝撃を吸収する。多田隈建二郎氏スケッチより。

します。

われわれは研究室で開発したロボットを、学会や展示会場に持ち込んで実演をすることがよくあります。硬いロボットの運搬はソフトロボットよりもはるかに気を使います。硬いロボットは衝撃や圧迫によって簡単に壊れてしまうことが多いからです。これに対してわれわれの研究室では、ソフトロボットは〝雑に〟扱われます。段ボール箱の中に工具と一緒に無造作に押し込んでも簡単には壊れません。硬い床の上に落としても大丈夫です。硬いロボットとソフトロボットの関係は、ちょうど、陶器の人形とぬいぐるみの関係に似ています。やわらかいロボットは「しだれ柳」的な強さを持っているのです。

やわらかいロボットは衝撃エネルギーを吸収して、激しい衝突から自身と相手を守ることができます。**図2－2**のソフトカーは、多田隈建二郎先生（東北大学）のスケッチで、そのイメージをよく表しています。やわらかさは、使う人々の安心・安全に結びつくのです。

と、書きましたが、じつは「やわらかさ＝安全」というほど単純ではないのがソフトロボッ

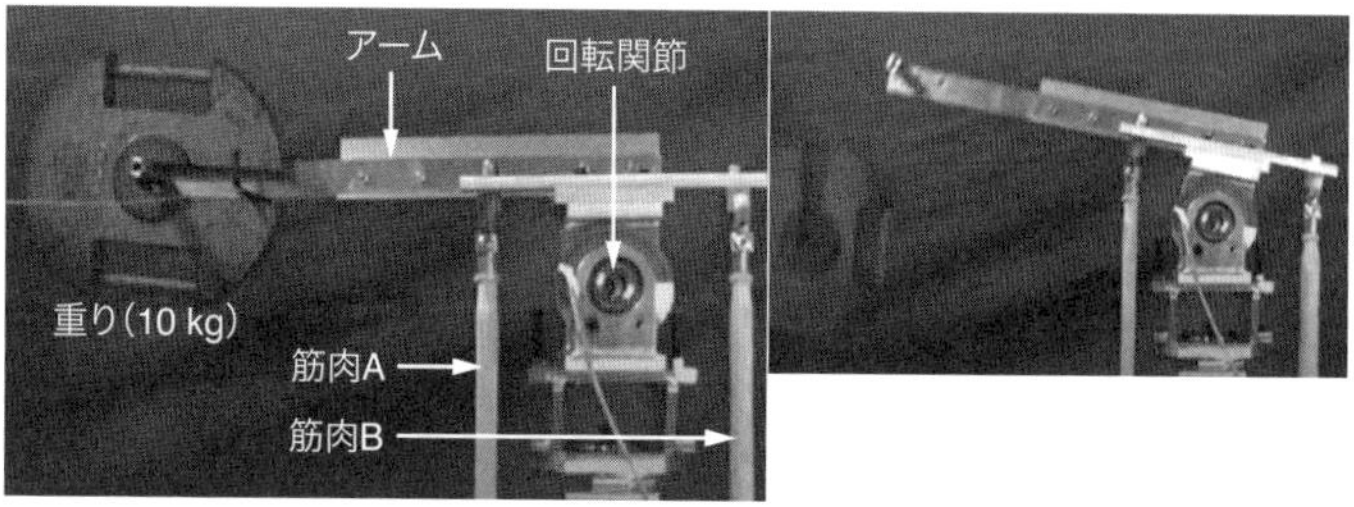

図 2－3　やわらかい人工筋肉で駆動されるロボットアーム。左：10 kg の重りを保持、右：重りが突然外れると……

ト学の奥深いところです。やわらかいロボットの身体が吸収した衝突のエネルギーは、ときとしてコントロール不能となり、非常に危険なふるまいをします。

図2－3のロボットのアームは、二本の柔らかい人工筋肉AとBによって、回転関節周りに動きます。筋肉Aが収縮するとアームは反時計回りに、筋肉Bが収縮するとアームは時計回りに回転します。やわらかな筋肉で駆動されるロボットはやわらかく動作します。つまりアーム先端に力をかけると、筋肉がやわらかく伸びるのでアームが動きます。ですからアームに人がぶつかってもアームがそちらの方向に逃げてくれるので、激しい衝突を避けることができます。

しかし、想定外のことが起こると、筋肉に蓄えられた弾性エネルギーがコントロールできなくなる場合があります。左の図は一〇キログラムの重りを持っているところです。筋肉Bがこれに対抗して大きな力でアームを引っ張っています。このとき何かの拍子に一〇キログラムの重りが突然外れたとしましょう。

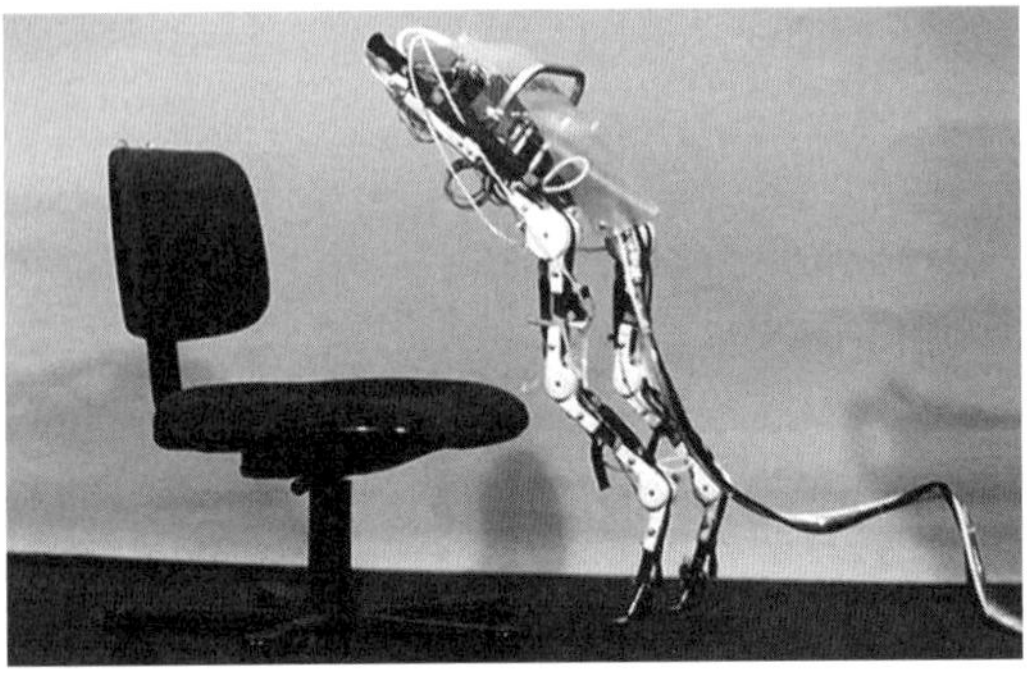

図2－4　ジャンプロボット。新山龍馬氏提供

手が滑って持っていたものを急に落とすことは日常生活でしばしばあることです。すると、頑張っていた人工筋肉Bに蓄えられていたエネルギーが急に解放されてロボットアームの先端は大きな速度で上向きに飛び跳ねます（右図）。やわらかい筋肉に蓄えられたエネルギーがコントロールできなくなっているのです[3]。このとき、このロボットのそばに人間がいるととても危険です。

一方、蓄えられた弾性エネルギーを一挙に放出することで〝瞬発力〟を発揮できるのもソフトロボットの特徴です。**図2－4**は新山龍馬先生（東京大学）が作ったジャンプロボットです。やわらかい人工筋肉に蓄えられた弾性エネルギーを一挙に開放することで、ロボットは大きくジャンプすることができます[4]［▶**2－3**］。

このやり方は、ノミやバッタでも使われます。彼らは脚を筋肉で引っ張り上げて変形させた状態から、蓄えられたエネルギーを一気に解放することで、自分の身長の一〇〇

▶2-3

倍以上の高さまで跳躍します。筋肉だけでは実現できない速い動きを脚に行わせているのです。このように蓄えたエネルギーを短時間に開放して大きな瞬発動作を実現するのはカタパルト（catapult）機構とも呼ばれます。もともとは短い離陸路しかない空母から航空機を発射する機構を指す言葉です。

やわらかい物体、身体には弾性エネルギーを蓄えることができます。工夫次第で、衝撃吸収や瞬発力発揮にも使えますが、使い方を間違えると危険な挙動を示すのです。

二　やわらかな材料

「やわらかさ」について材料の視点からくわしく見ていきましょう。

ゴム・粘土・蜂蜜

ひと言で「やわらかい材料」と言っても、ゴム、バネ、粘土、蜂蜜などなど、いろいろなものがあり、その挙動もさまざまです。(5)

ゴムやバネが示す変形は「弾性変形」と言います。力を除くと元の形に戻るのがその特徴です（**図2‐5**）。弾性変形している材料の内部にはエネルギーが蓄えられています。このエネル

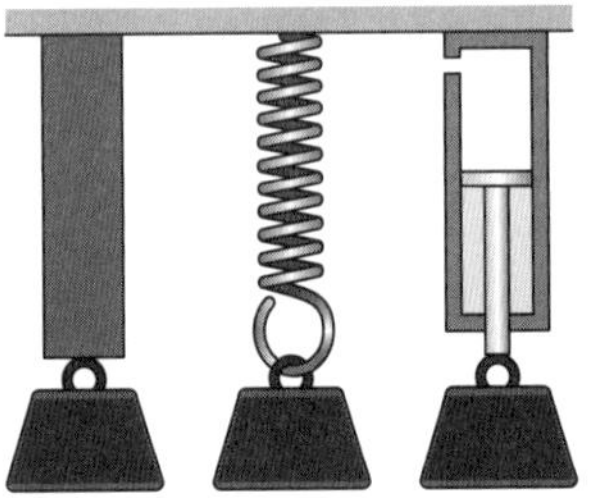

図 2−5 さまざまなやわらかさ①「弾性」。左から、ゴム、バネ、空気。

ギーを「弾性エネルギー」と呼びます。衝撃を吸収したり、大きな瞬発力を出すときに使えることは、さきほど説明したとおりです。

弾性変形は気体を密閉したシリンダでも現れます。ピストンに力が働くと内部の気体が圧縮されて圧縮空気という形でエネルギーが内部に蓄積されます。ちなみに気体の代わりに液体を入れると弾性特性はほとんど現れません。液体の圧縮性はきわめて小さいからです。

「粘土」も「やわらかい」材料です。ただし、変形した状態から力を除いても元の形には戻りません。このような変形は「塑性変形」と呼ばれます。粘土を変形させる際に加えたエネルギーは、粘土内部の摩擦で熱となって消えてしまうので元に戻れないのです。このようなやわらかさは、変形姿勢を維持したい用途にはぴったりです（**図 2−6上**）。

「粘性」もやわらかさの一つです。蜂蜜をかき混ぜるときに感じる「やわらかさ」です。工学的に言うと、変形速度に対応して大きくなる抵抗力が発生します。速い変形には大きな抵抗力が生じるので基本的にゆっくりとした動きを実現します。体圧分散効果で知られる「低反発クッション」を思い浮かべてみましょう。力をかけたときの、にゅわ〜っとした感覚、力を除いて元の形に戻るときのゆっくりとした動きは、まさしく「粘性特性」の効果です（図2－6中）。弾性、塑性、粘性について紹介しましたが、ほかにもさまざまな「やわらかさ」があります。そして現実にはこれらは単独で現れることはありません。たとえば、ゴムは力を除くと元に戻ると書きましたが、実際は完全に元に戻るわけではなく、少し変形が残ります。これは残留ひずみと呼ばれる「塑性変形」の一つです。硬式野球のボールは、コルク、ゴム、毛糸、木綿糸、皮など、さまざまな材料を組み合わせて、適切な弾性・粘性などが組み合わさった「やわらかさ」となるように作られます（図2－6下）。

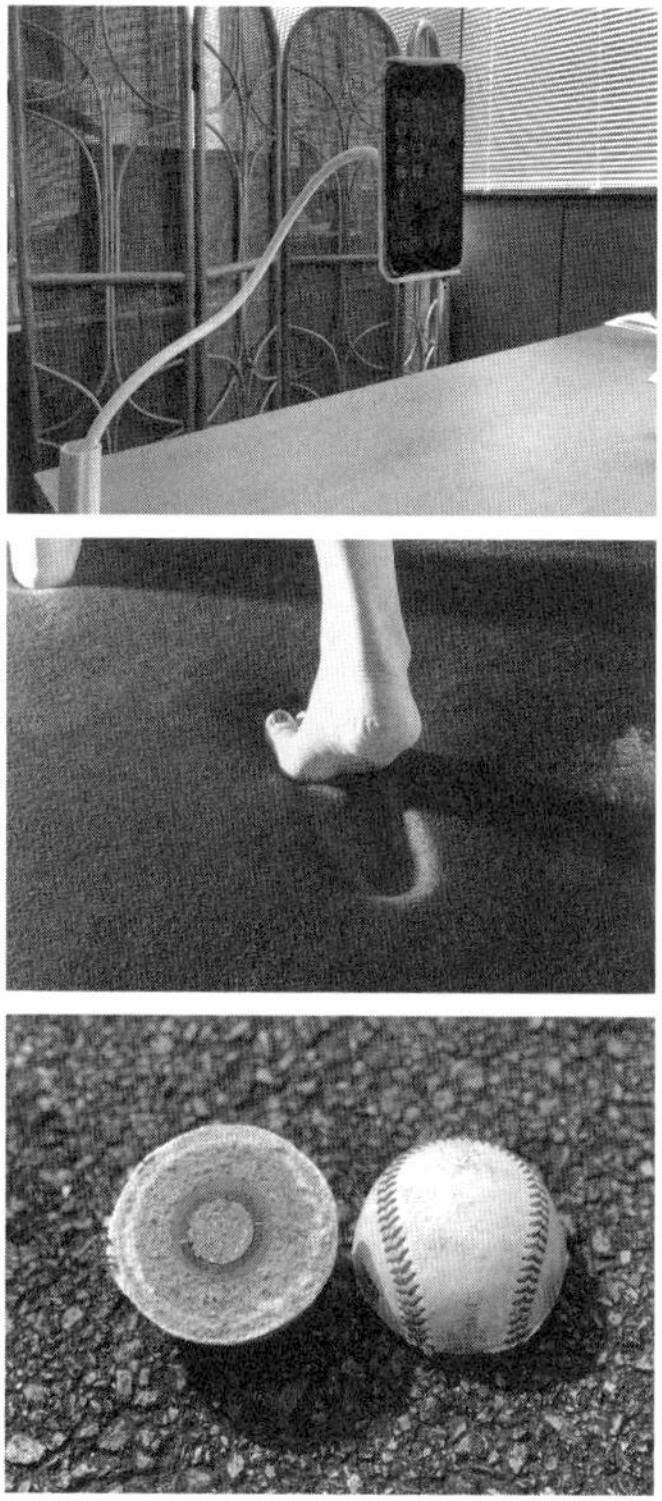

図2－6　さまざまなやわらかさ②。上から、塑性、粘性、組合せ。中の写真はtetsu1185/PIXTA

ソフトロボットでも、用途に応じて種々の「やわらかさ」を組み合わせた材料設計が必要になります。たとえば、**図2－2**の衝突事故から人を守るソフトカーでは、弾性のみからなるバネのような材料を使ったのではだめです。バネは衝突エネルギーを一時的に弾性エネルギーとして吸収しますが、そのままでは次の瞬間、バネは蓄えたエネルギーを解放し始めます。つまり、受け止めた人の身体を今度は来たのとは逆方向に投げ出し始めるのです。こういうときは、弾性だけではなく、塑性や粘性を入れて衝突エネルギーを摩擦などにより熱エネルギーに変えて周囲に拡散してしまうことが必要です。

高分子材料と犬の散歩モデル

高分子材料とは一般に分子量が一万を超える有機材料で、ゴムやプラスチックがその代表です。高分子材料は、分子レベルで見ると長いひも状の分子が集合してできています。金属材料に比べると、やわらかい、大変形可能、軽量、一部のものは化学的に不安定といった特徴を持ちます。

なかでもゴムは、ソフトロボットにとってもっとも重要な高分子材料の一つです。もともとゴムの木の樹液を原材料とする「天然ゴム」が使われてきましたが、近年は化学的に合成された「合成ゴム」も増えています。

樹液はドロドロとした液体です（**図2-7**）。微視的には、長いひも状の高分子がたくさん絡まりながら集まった状態（**図2-8**左）です。この状態でゴムに力を加えると、この〝ひも〟が変形するとともに〝絡まり〟状態がずれていき、ゴムはいくら変形しても復元力が生まれません。そこで絡み合った高分子のところどころを化学的に結合する「架橋」という処理を行います（**図2-8**右）。これにより高分子は網目状構造を作り、復元力を持ちます。この結合には硫黄

図2-7　天然ゴムの原材料。Thai Pray Boy/PIXTA

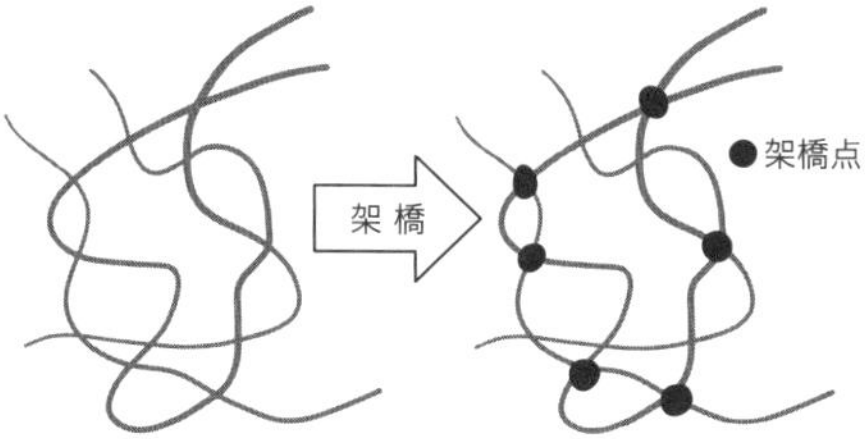

図2-8　架橋前後のゴムの分子状態。左：架橋前、右：架橋後。

図2－9　犬の散歩モデル。A：犬があちこち動くのでひもが蛇行する。B：無理に引っ張ると犬は整列するが、C：暖かくなって犬の動きが活発になると引き戻される。

を使うことが多いので、架橋の代わりに「加硫」と言う場合もあります。

架橋が完了したゴムに力を加えるとクネクネと曲がった状態のひも状の高分子が引き伸ばされ、ゴムは大きく変形します。ただし、架橋点は外れないので、力を抜くとゴムは元の形に戻ります。これがゴムのミクロな構造と、大きく変形するメカニズムです。このおかげでソフトロボットにとって有用な多彩な性質が生まれます。

高分子の挙動は犬の散歩にたとえて説明されることがあります（図2－9）。ひもにつながれた犬たちは、好き勝手に動いています（図2－9A）。各犬の動きは高分子のブラウン運動に相当します。ひもの一端を固定してもう一方の端を飼い主が引っ張ると、ひもはまっすぐになりますが（図2－9B）、各犬が好き勝手にあちこち動くのでひもはクネクネと蛇行した状態に戻ろうとし、飼い主は引き戻されることになります（図2－9C）。これがゴムの復元力に相当します。

暖かくなると犬たちの動きは活発になります。ブラウン運動と同じです。その結果、ひもの"クネクネ"度合いは上がるので、飼い主はより強く引き戻されます。寒くなると犬の活動は鈍くなるので、飼い主を引き戻す力は小さくなります。気温がさらに下がると犬たちは寒くてその場で動かなくなり、ひもは形を保ったまま伸びも縮みもしなくなります。


このたとえがゴムの挙動にそのまま当てはまるのが、この説明の面白いところです。

重りをぶら下げたゴムの糸を考えてみましょう。ゴムの糸は、温度を上げると縮み、温度を下げると伸びます。金属材料で見られる「熱膨張」とは逆です。犬の活動は分子のブラウン運動に相当します。温度が高いとブラウン運動が活性化してひもが縮み、温度が低いとブラウン運動が抑制されてひもが伸ばしやすくなるのは、犬のモデルを当てはめると納得できます。

高分子材料の多彩な性質

この現象はナイロンにも当てはまります。レイ・ボウマン先生（テキサス大学ダラス校）らは、ナイロンの釣り糸をねじって作る人工筋肉の研究を進めています。入手容易な材料で簡単に作れ、温度を上げると縮む面白い人工筋肉です[6]（図2－10［▶2－4］）。温度を上げると縮む高分子材料の特性を利用しています。釣り糸をねじった構成にすることによって、収縮量は増大しま

▶2-4

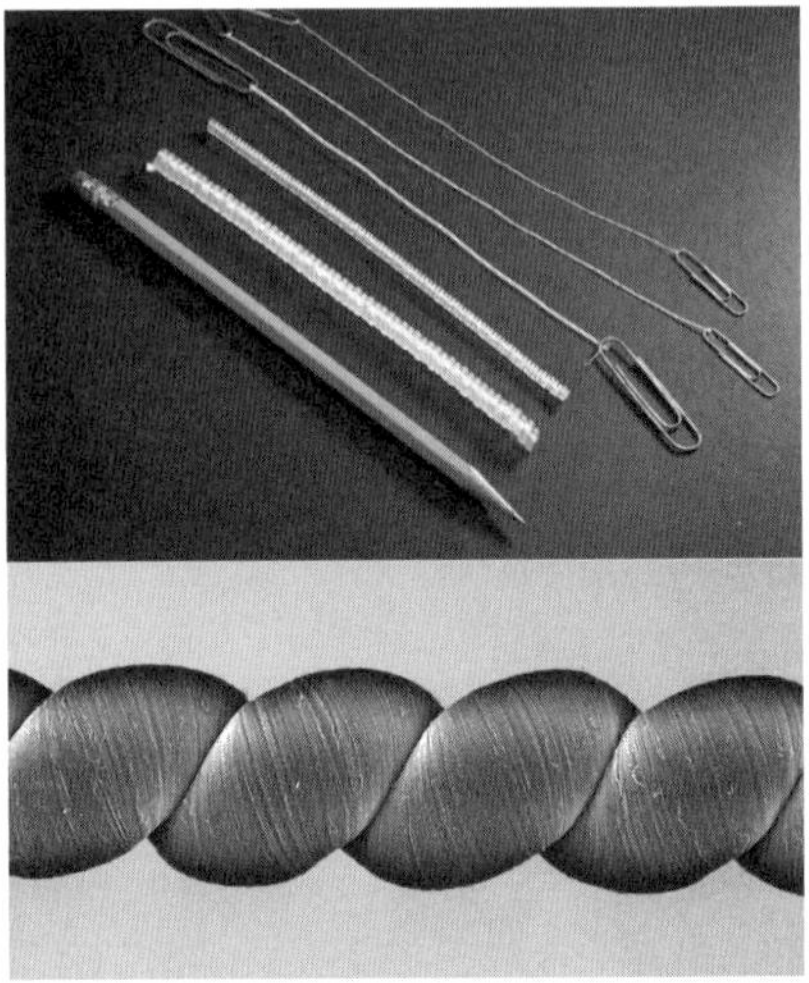

図 2－10　釣り糸をねじって作った人工筋肉。R. Baughman 氏提供

す。

さらに面白いのは、外部から力をかけてゴムの糸を伸び縮みさせると発熱／吸熱が起こることです。犬モデルから連想できると思いますが、ゴム糸を引き伸ばすと分子のブラウン運動が抑制され、元に戻すと活発になります。分子のブラウン運動は熱エネルギーに相当するので、ゴム糸を伸長させて分子の運動が減ることは、ゴム内部の熱エネルギーが減少することになります。したがってこのときゴムは熱を外部に放出します。力を除いて元に戻すときはその逆の現象が起きます。つまり、ゴム糸を引っ張るとゴムは熱を外に放出し、縮むときは熱を吸収します。

これは輪ゴムを使った簡単な実験で体験できます。人間の身体のうち温度変化を敏感に感じられるのは唇です。輪ゴムを引っ張って唇に当ててみてください。ゴムが放出した熱で温かく感じるはずです。逆に元に戻すときは冷たく感じられるはずです。

このように材料の弾性変形が熱と密接に関係するのは、高分子材料特有のもので、「エントロピー弾性」と呼ばれます（ちなみに金属の弾性変形は「エネルギー弾性」と呼ばれます）。エントロピーとは、熱力学や情報理論で用いられる〝乱雑さ〟を表す指標です。犬が一列に並んでいるのは〝乱雑さ〟が低い状態、犬が勝手にバラバラの位置で動きまわっているのは〝乱雑さ〟が高い状態です。そして、〝乱雑さ〟が高い状態のほうが確率的に生じやすい状態なので、外部から何もしなければ〝乱雑な状態〟に戻ります。これがゴムの弾性変形のしくみです。

犬のモデルで、ある温度以下になると犬はその場から動かなくなり、ひもは伸びも縮みもしなくなる、と書きましたが、実際の材料でもこれと同じ現象が起こります。

ゴムを「ガラス転移温度」と呼ばれる温度以下に下げると、分子の動きはなくなってゴムはプラスチックのような固い状態になります。自動車のノーマルタイヤが低温下で硬くなり、凍結路面へのグリップ力が低下するのと同じです。ガラス転移温度は各材料によって異なります。

図2－11　形状記憶ポリマ製ハンド

この特性を利用したのが「形状記憶ポリマ」です。ガラス転移温度以上ではゴム状態なので、容易に弾性変形します。変形したまま温度を下げるとポリマは形状を保ったままガラスのように固くなります。

図2－11は形状記憶ポリマで成形された指を二つ持つロボッ

トハンドです。一九九〇年に私が作ったものです(7)。この指の内部にはヒータが埋め込まれポリマの温度を調整できます。この材料のガラス転移温度は五〇度程度ですので、通常の室温ではこのポリマは硬い状態です。写真は、左側の指だけを加熱してゴム状態にし、ハンドを閉じたときの様子です。右側の指はガラス状態なので変形しませんが左側の指は対象物の形状になじんで変形しています。このままヒータを切って左側の指の温度を下げると左の指はこの形を維持したまま硬い指に変わります。ある形状の製品を大量に扱うとき、その形状に適した形状の指が簡単に実現できます。

マイ・ソフトロボットを作ってみよう

ソフトロボットの試作には液状のシリコーンゴムがよく使われます。大がかりな設備や技術がなくても使いやすいからです。液状のシリコーンゴムに架橋剤を混合し、型に入れてしばらく置いておけば好きな形のゴムが簡単に作れます。**図2-12**は魚ロボットのひれを作る例です。片面に溝を形成すると、一方向には変形しやすく逆方向には変形しにくいゴム構造体が作れます(**図2-12上**)。これを水中で往復運動させると一方向のみに大きな推力が得られます。

作りたいゴムの形状とは逆の凹型(**図2-12下**)を作っておき、シリコーンゴムを流し込み、上型と下型で挟み込んで固めるだけです。「型取り用シリコーンゴム」として比較的手軽に扱

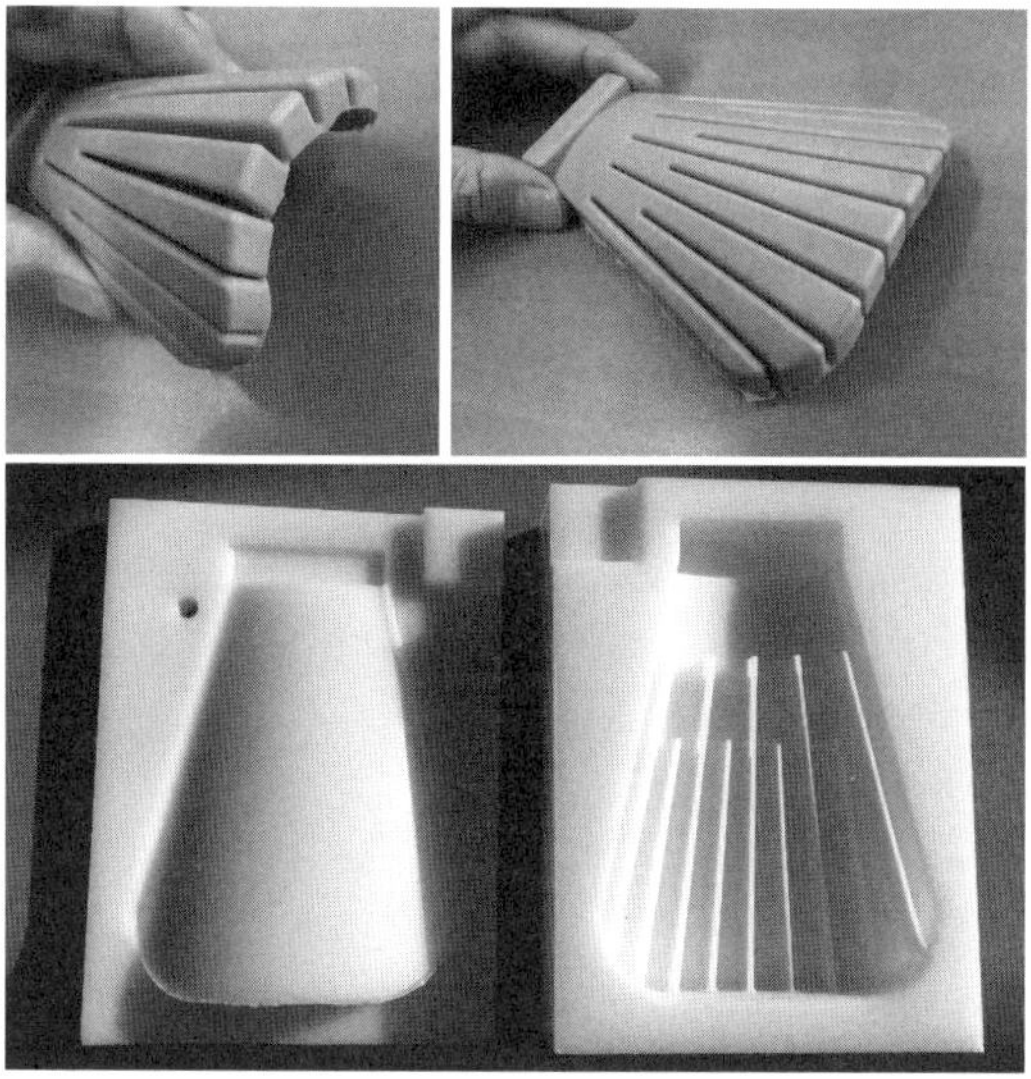

図2－12　マイ・ソフトロボットの作り方

える材料なので、興味ある人は試してみてはどうでしょう？

私の研究室でよく使っているのは、信越シリコーンのKE－1600とかKE－1415といった材料です。大きく分けて、「付加型」と「縮合型」というのがあって、それぞれ特徴がちょっと違います。各メーカのホームページに記載されています。個人でも簡単に入手できると思います。型は、いまでしたら3Dプリンタで作ればよいでしょう。付加型のシリコーンゴムを用いた場合、3Dプリンタの材料によってはゴムがうまく固まらない場合（硬化阻害という現象です）もあるので注意してください。注意点はこれくらいかな？

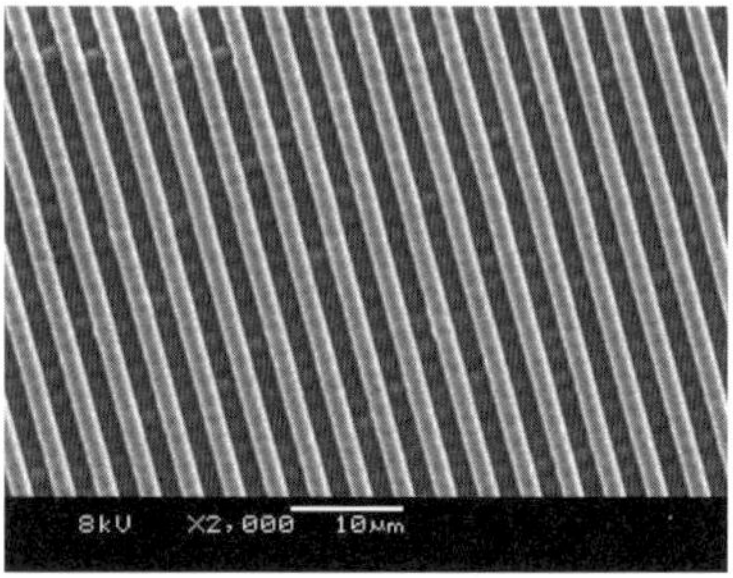

図2－13 自宅でもできるマイクロ構造のゴム

ちなみに、ミクロン単位の微細ゴム構造も簡単に作れます。**図2－13**は理科の実験でも使う回折格子の表面にシリコーンゴムを乗せて固めたものです。線の幅はわずか二マイクロメートルです。樹脂製の回折格子はネットでも安く買えますので、こんな微細なゴムの成形も一般の家庭で簡単にできるのです。転写したゴムは構造色（微細構造による光の回折、分光により発色する現象）を示すので、伸縮に応じて色が変わります。[8] ネット通販や3Dプリンタのおかげで、従来はプロにしか許されなかったこんなに面白い試作が、アイディア次第でだれでも簡単に行えるようになってきました。面白い時代です。

型取り用シリコーンゴムは取り扱いが楽なので実験室での試作にはよく使われますが、引き裂き強度が弱いのが弱点です。実用化の際には通常「ミラブル型」と呼ばれる工業用シリコーンゴムやほかの合成ゴムが使われます。

やわらかな材料の力学と幾何学

一般に、ロボット工学では力学や幾何学を使います。ロボットの手先にかかる力と、各関節に発生するモーメント（回転力）の関係を考える際は力学を使いますし、各関節とロボット手先の動きの関係を考える際には幾何学を使います。幾何学と言っても定規や分度器を使うのではなく、ベクトルや行列などの数式を用いた幾何学です。ロボットの制御プログラムの基《もと》になる数式です。

ソフトロボット学でもそれは同じですが、従来のロボット工学とは違った難しさが新たに加わります。

その一つは、第一章で述べたように、従来のロボットの身体が有限個の関節からなる「集中系」であるのに対し、大部分のソフトロボットの身体は「連続系」である点に起因します。連続系の解析には偏微分方程式が必要になり、集中系の解析よりはるかに複雑になります。とくに、複雑な形状や大変形に対しては計算量が増え、解くのが容易ではなくなります。

ソフトロボット学特有のもう一つの難しさは「非線形性」が強く現れることにあります。たとえば、ある金属ワイヤを一〇〇キログラム重の力で引っ張ったら〇・一ミリメートル伸びたとしましょう。荷重を二〇〇キログラム重にすると〇・二ミリメートル、三〇〇キログラム重にすると〇・三ミリメートル、という具合に伸びるのを「線形」と呼びます。ところがゴムのようにやわらかい材料が大きく変形する場合には、この線形性が成り立たなくなります。いろいろな要因があるのですが、ゴム風船を膨らます例で説明しましょう。

横軸に風船の内部に吹き込む空気の圧力を、縦軸に風船の外径を取ります（**図2－14**）。まず風船がぺしゃんとつぶれた状態Aから空気を送り込むと最初は何も起こりませんが、少し空気圧を上げるとつぶれていた風船が丸い状態に変化し始めます（B→C）。このとき風船のゴム膜そのものは伸びていません。つぶれていた風船のゴム膜が持ち上がって丸い形になるだけです。ここから風船を膨らませるには、ゴム膜自体を伸ばす必要があり、高い圧力の空気が必要になります。購入して一度も膨らませたことのないゴム風船は硬いので、息を思いっきり吹き込む必要があります（C→D）。しかしある状態（D）を超えていったん膨らみだすと、急に楽に膨らみだす（D→E）という経験をされたことがあると思います。これは、ゴムの材料特性（材料非線形性）と、風船の変形に伴う幾何学的効果（幾何学的非線形性）によるものです。

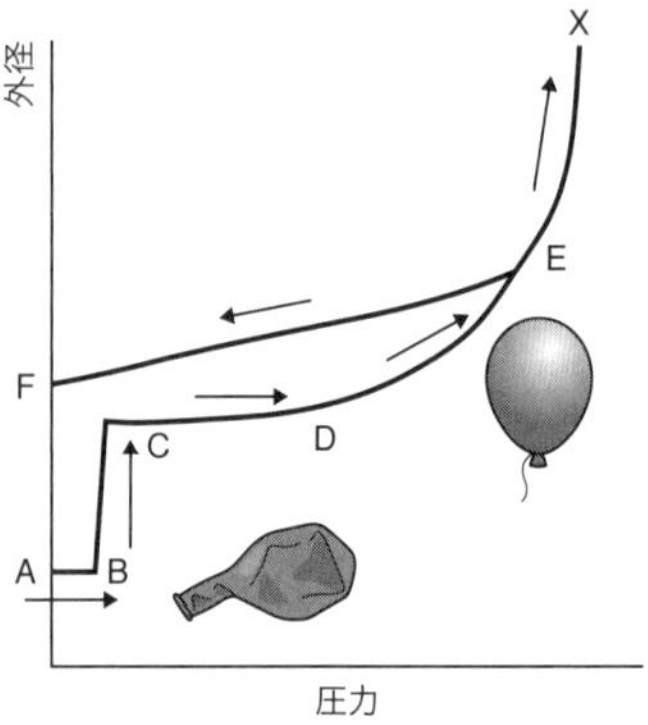

図2－14　ゴムの非線形性

風船が膨らみだすと、空気の圧力を受けるゴムの面積がどんどん大きくなり、また同時にゴム膜は薄くなります。このため、風船は膨らむにつれてますます膨らみやすくなっていくのです（D→Eの過程でグラフの傾きが大きくなるのがその様子を示しています）。これが幾何学非線形性が生まれるしくみです。

風船にかけている圧力を少しずつ上昇させてある圧力を超えると、突然、膨張がコントロールできなくなり、ついには破裂に至ります（E→X）、膨張を抑えるゴムの弾性力を、膨張させる空気圧の効果が上回ってしまうからです。

一方、暴走が始まるE点より手前で減圧を始めると風船は小さくなっていきますが、きたときとは同じ曲線を描きません（E→F）。圧力をゼロにしても元の形に戻らず、ふやけたような形になってしまうのはご経験があると思います。行きと帰りの曲線が違うのは、「ヒステリシス」と呼ばれる非線形現象で、ゴムの材料特性によるものです。また、最終的にふやけた形になってしまうのは、前節で説明した「塑性ひずみ」がゴムに発生するからです。

従来の硬い材料を前提としたロボット工学では、材料は線形特性を持つとして扱われてきました。**図2-14**のような複雑な曲線ではなく、圧力と径の関係が直線になるということです。従来のロボット工学ではそれで問題なかったのですが、ソフトロボット学では、はるかにややこしい非線形性を扱わなくてはならないのです。

三　不安定な材料

やわらかい材料を扱う際のもう一つの難しさは、やわらかい材料は一般に不安定だということです。やわらかい材料の特性は温度など環境の影響を強く受けます。金属と比べれば一般に破断しやすいし、経年劣化も顕著です。買ってきたばかりのゴム風船と何度か膨らませた風船では特性は大きく異なります。同じ型番の材料を購入しても製造ロットによって特性にばらつきがあるのは、われわれ研究者や技術者を日常的に悩ませています。

と、材料の不安定性はロボットにとって〝悪者〟のように書きましたが、じつはソフトロボット学では必ずしもそうとは限りません。従来のロボット工学において材料の不安定性はロボットの確実性や信頼性を妨げる悪者ですが、ソフトロボット学では、この不安定性を逆に積極的に活用しようという試みが始まっています。

身体改変による適応・順応

生き物の身体は不安定な材料でできています。血流が滞ると細胞は死んで腐り始めます。しかしこの材料の不安定さを利用することで、自分自身の身体を改変して環境に適応する例がたくさんあります。

たとえば、ペンだこができるのは、繰り返し力がかかる部分の強度を上げる身体の反応です。太陽光にさらされる環境では、皮膚を黒くすることで紫外線をシャットアウトし、紫外線のダメージから身体を守ります。海外旅行の時差ぼけが数日でなくなるのは体内時計が現地時間へ適応するからです。ウイルスや細菌はDNAを変異させて薬剤環境に適応して生き延びようとします。進化は、世代をまたいだ種の環境への適応、順応と言えるでしょう。

身体の改変を実現するキーポイントの一つは、「不安定な材料」にあります。安定な材料でできたロボットは、ミスなく確実に動作しますが、そこからは成長や適応は生まれません。「安定」とはそもそも「変わる」ことができないことを意味します。変わりやすいからこそ、身体を変えて環境に順応することができるのです。三つの研究事例を紹介します。

土に還るソフトロボット

図2－15左は、新竹純先生（電気通信大学）がダリオ・フロリアーノ先生（スイス連邦工科大学ローザンヌ校）と共同で開発したロボットハンドです(9)。二本の各指は、内部に空間を、片側の外壁は蛇腹状の構造を持っています。内部の空間に空気圧をかけると蛇腹が膨らみ、指は湾曲動作します。

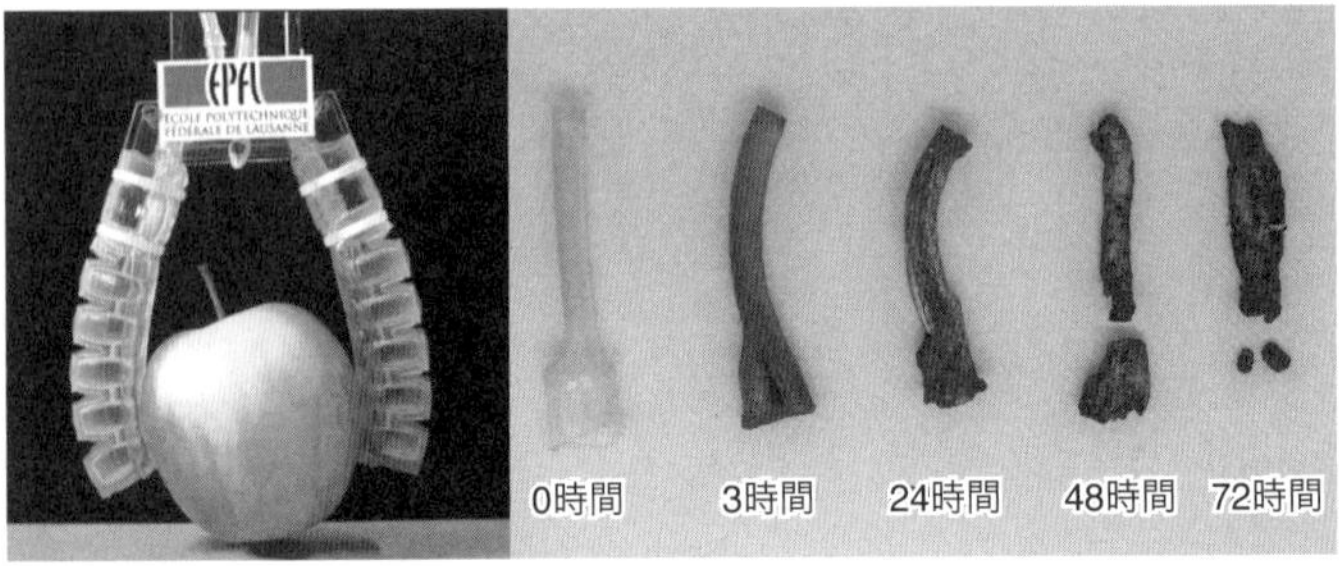

図2－15　ゼラチン製のソフトロボットハンド（左）と、ゼラチン指が土に戻る様子。新竹純氏提供

このハンドの面白いところは、ゼラチンでできている点です。ゼラチンは動物の皮膚や骨にあるコラーゲンから作られる生体由来の材料で、ゼリーやプリンなどのお菓子作りでも使われます。食べることもできるソフトロボットです。ゼラチンは不安定な材料です。時間が経つと腐ります。現在プラスチックによる環境破壊が大きな問題になっていますが、このロボットは使用後土に戻ります（**図2－15**右）。不安定な材料を用いた環境に優しいロボットです。

4Dプリンティング

ソフトロボット学の研究が盛んになった背景の一つに、3Dプリンタの普及があります。複雑な形のゴム成形の型を簡単に作れるようになり、また、ゴム状の素材で直接3Dプリンティングもできるようになりました。このようにやわらかい材料の成形が簡単に行えるようになったことで、さまざまな分野から多くの研究者たちがこの分野に参入してきたのです。

いま、ソフトロボット学では、3Dを超えて4Dプリンティングが話題になっています。3Dの「3」はx、y、zの三つですが、これにt、すなわち時間要素が加わったのが4Dプリンティングです。4Dプリンティングでは〝不安定な〟材料を使います。通常の3Dプリンティングのあと、温度変化や水分吸収によって材料が時間とともに変形してゆき、最終的に望んだ形になるというものです。ここでもポイントは、〝不安定な材料〟です。

マサチューセッツ工科大学のself assembly labでは、さまざまな4Dプリンティングが行われています[10]。たとえば、蜂の巣のように複数の六角形からなる平面構造物をプリントし、これを水中に入れると徐々にサッカーボールのような立体形状に変化していきます［▶2-5］。こんな形の立体物は通常の3Dプリンタでは簡単には作れません。

六角形の部材とそれらの接合部は異なった材料でできています。接合部の材料は水中につけると水分を吸って膨潤する性質を持っているので、3Dプリント後に水につけると立体形状に変化していくのです。

そのほかにも、たとえば3Dプリント直後の熱い状態から室温に温度が下がる際に生じる熱収縮変化を利用したものなど、いろいろな方法の4Dプリンティングが研究されています。

従来の科学技術の価値観では、水分を吸って膨潤する材料や、熱変形してしまう材料や加工

▶2-5

法は〝ダメ技術〟の典型です。4Dプリンティングは、従来の科学技術ではもっとも嫌われた、加工物の反りや材料の変質といった問題を逆にうまく使っているのです。

修復・成長する身体

ソフトロボットでは、生体由来の材料や、場合によっては生体そのものを、ソフトロボットの身体の〝材料〟として使います。

究極の〝不安定な材料〟の一つは細胞です。環境を整えてやらないとすぐに死んで腐ってしまいます。しかし、だからこそ、ソフトロボット学やバイオロボティクスといった分野では、大きな可能性を持った新しいロボット用材料ととらえています。

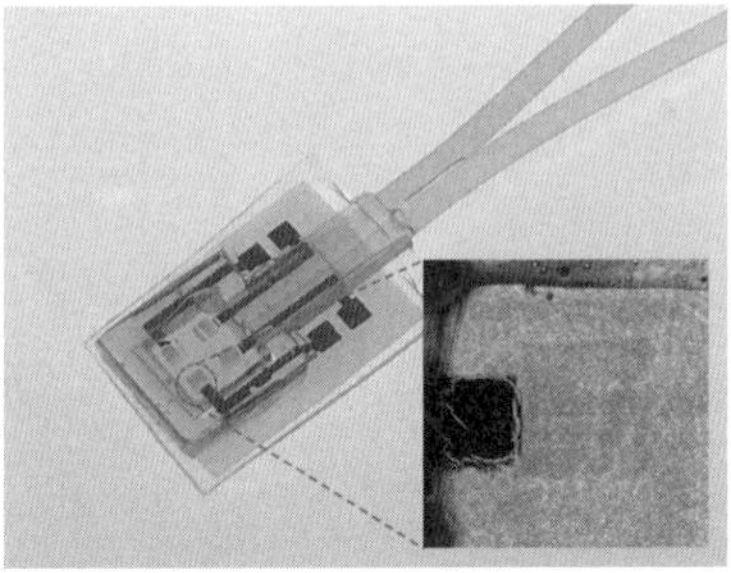

図2－16　自己改変・自己修復機能を持った触覚センサ。清水正宏氏提供

清水正宏先生（大阪大学）らは、マウス由来の細胞をシリコーンゴムシート上に培養して触覚センサを作っています（**図2－16**）。機械的刺激を与えると細胞はカルシウムイオンを放出するので、これを電気的に検出すれば触覚センサができあがります。細胞は数十マイクロメートルの大きさなので、細かなピッチの触覚センサが期待できます。

面白いのは、与えられる機械刺激に応じて細胞の並び方が変化することです。(11) シリコーンゴムシートのある場所に一定方向の力刺激を与え続けると、その部分の細胞の密度が上がると同時に、刺激とは直角方向に細胞の長軸の向きが並んでいくそうです。この現象をうまく使えば、刺激の大きさや向きに応じて、自らの構造と特性を変えてゆくセンサを実現できるのです。このような適応能力は、従来のロボット工学で使ってきた〝安定した材料〟では実現できません。不安定な材料だからこそできるのです。

もう一つ面白い機能が生まれます。壊れた場合の自己修復能力です。センサに無理な力がかかって、細胞がシリコーンゴムシートからはがれてしまうと信号は出なくなってしまいます。通常のセンサであれば新しいセンサに交換するしかありませんが、このセンサでは一二時間後には壊れた箇所にふたたび新しい細胞が増え、センサとしての機能が回復します。自己改変、自己修復能力を持ったセンサなのです。

四　やわらかな構造

やわらかさを実現する要は材料だけではありません。やわらかさを実現する〝構造〟を見ていきましょう。

硬い材料を大きく変形させる

金属は硬い材料です。普通は簡単には変形しません。しかし、形状を工夫するとやわらかく大きく変形するようになります。

その代表はバネです。硬い金属ワイヤをらせん状に成形すると〝やわらかさ〟が出現します。キッチンで使うアルミ箔や金属たわしも、硬い材料からなる〝やわらかな〟物体です。

ブリヂストンはゴムタイヤメーカとして有名ですが、プラスチック製の未来タイヤを試作しています（**図2－17**上、中）。ゴムや空気を使わないので空気漏れや破裂の心配がありません。プ

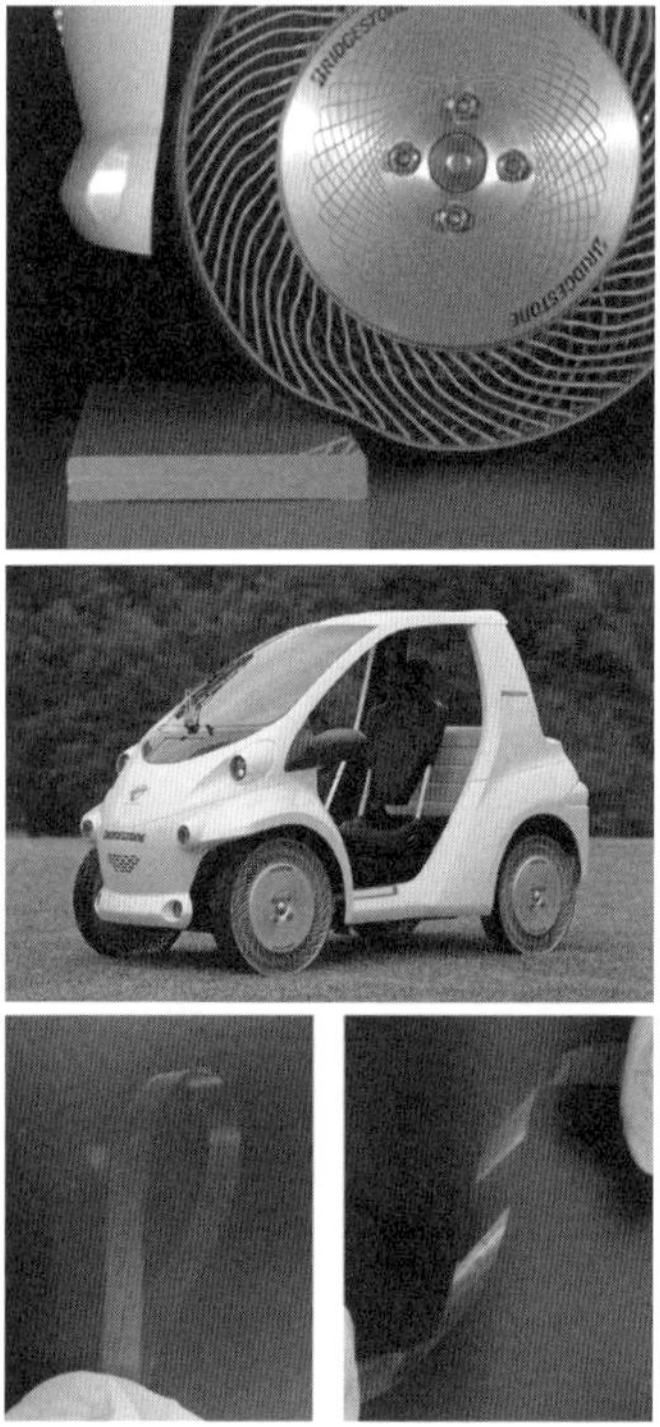

図2－17　硬い材料からなるやわらかい構造。上、中：プラスチック製タイヤ（ブリヂストン社提供）、下：薄いガラス（田中陽氏提供）

ラスチックは本来は大きく変形する材料ではありませんが、形状を工夫することで大きくやわらかな変形が出現し、道路からの衝撃を吸収することができるようになります。

硬い材料がどうして〝やわらかく〟変形するのでしょうか？　その答えは、細長い微小構造が集積した〝形〟にあります。

一般に、細長い物体（たとえば針金を思い浮かべてください）は、長手方向に力をかけてもほとんど伸びませんが、それとは直角方向には小さな力で大きく変形します。バネも、金属たわしも、プラスチックのタイヤも、細長い構造が集積して形作られています。細長い素材内部に発生する微小な曲がりがあわさることで、全体としてやわらかく大きな変形が起きます。

薄い板状形状にしても同様の効果が表れます。アルミ箔は面方向に引っ張っても伸びませんが、面外方向にはやわらかく曲がります。**図2−17**下は、田中陽先生（理化学研究所）らが作った、厚さ三マイクロメートルの薄いガラス板です。ガラス板もこんなに変形するのです。

では、細長いものや薄いものはなぜ容易に曲がるのでしょうか。じつは湾曲している部分の内側と外側の表面では、それぞれ微小な圧縮と引張が起きています。微小な圧縮と引張でも、部材が細かったり薄かったりすると大きな曲がり変形が生まれます。太かったり厚かったりする部材は簡単には曲がりません。

ちょっと説明が深みに入ってきましたのでここでやめましょう。ただ、われわれエンジニア

図2－18　高橋士郎先生の作品

や研究者は、日々こんなことを考えながらソフトロボットの実現をめざしているのです。

超軽量、インフレータブルロボット

インフレータブルロボットとは、空気で膨らませた薄い樹脂膜の袋を身体としたロボットです。ゴム風船とは違って素材自身は伸びません。空気を入れて樹脂膜がピンと張った状態にすることで、ある程度しっかりした形を保った構造体が得られます。

高橋士郎先生（多摩美術大学元学長）は造形作家ですが、エンジニアから見てもとても興味深い作品をたくさん発表されています。その中でも私がとくにワクワクするのは、一連のインフレータブルの作品です（**図2－18**［▶2－6］）。非常に軽く、やわらかい身体を作れるのがその大きな特徴です。現在、高橋先生が創始された株式会社バボットによって、さまざまなインフレータブルロボットが作られ、イベントなどで使用されています。

図2－19は私たちの研究室で開発した、全長二〇メートルの、世界最長のロボットアームで

▶2-6

図2－19　全長20mのソフトロボットアーム

す[12]（図2－19）。ヘリウムガスを充填した二〇メートルの細長い樹脂フィルムの袋からできており、重力と浮力がほぼバランスした状態で空中を動きます。

超軽量の人工筋肉（第三章）で駆動される二〇個の関節でアームを動かし、先端に取りつけた小型カメラで、高所や離れた場所の点検を行います。写真は福島県楢《なら》葉《は》町にあるロボット試験施設での実験の様子です。模擬プラントの屋根の窓から内部にアームを挿入して奥に進め、内部にあるパイプの目視点検をしているところです。

総重量は九八〇グラムで、実態は薄い樹脂フィルムでできた袋です。万一落下しても、周囲にぶつかっても、危険はありません。人手で簡単に必要な場所に持ち込めます。従来の大型ロボットの欠点をすべて解決したロボットと言えるかもしれません。

しかし、ふわふわした頼りない動きです［▶2－7］。

▶2-7

動きは遅いし、重い物も持てないし、精密な位置制御もできません。従来のロボット工学から見るとダメロボットです。

ここには、従来のロボット工学とソフトロボット学の考え方の違いが顕著に表れています。従来のロボット工学では、まず、二〇メートルの長さでも撓まないように金属のしっかりした構造でアームを作ります。アームは重くなるので大きなモータが必要となり、ロボット総重量は数百キログラム、あるいはトンというものになります。現場に搬入することがそもそも大変です。

そのような重いアームを使う場合、万一落下したり、周囲にぶつかると大事故になるので、アームの位置を慎重に制御しながら動かすことになります。まず、アーム先端に積んだ画像センサやレーザ計測器を使って、屋根、窓、パイプ、壁の位置を測定し、コンピュータ内に環境のモデルを作ります。次にこの環境にぶつけずにアームをパイプまで進めるための各関節の動かし方を三角関数や行列を使って正確に求め、その結果に従って各関節のモータを動かします。

ソフトロボットではそんな緻密なやり方は取りません。もっとアバウトでいいかげんなやり方です。

オペレータは複雑な操作はしません。アームが周囲にぶつかってもまったく問題がないので、大雑把な動かし方で十分です。いったんアーム先端を屋根の窓から内部に挿入してしまえば、

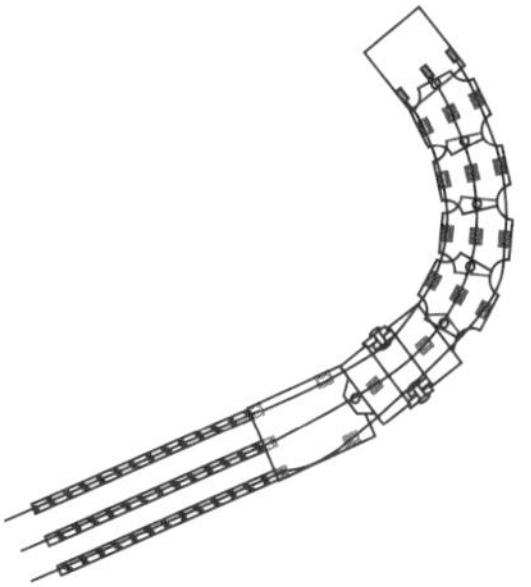

図２－20　多関節機構。左：医療用内視鏡、右：内視鏡内部の構造例

あとはごそごそと適当に動かしながらアームを前方に進めるだけで、アームは周囲にぶつかりながらも自然に空いている空間に進み、その結果パイプにたどり着きます。いわば、周囲との接触を繰り返しながら、アーム自身がパイプへのアプローチに必要な各関節の動かし方を探し出していると言えます。

多関節機構

第一章で、従来ロボットは有限個の関節からなる「集中系」、ソフトロボットはいたるところが動く「連続系」と書きました。しかし、集中系の関節でもその数を増やせば、「連続系」のように振る舞います。

縁日で売っているヘビのおもちゃがよい例です。たくさんの短いパイプ状の部品をピンでとめて自由に回転できるようにしておくと、さまざまな形状に変化します。これはソフトロボットと言ってよいと思います。

同じようなメカニズムは胃や大腸を検査する内視鏡でも使われています（図2－20）。内視鏡の先端はヘビのおもちゃと同じように、複数のパイプ状の部品が連結されて構成されています。各パイプ状部品の内部には、細いワイヤが通るガイドがあります。このガイドに四本のワイヤを通し、医師の手元にあるハンドルを回してワイヤを押し引きすることで先端が湾曲し、消化管内部をくまなくチェックすることができるのです。

やわらかさ／硬さが変わる身体

ソフトロボットの身体はいつもやわらかければよい、というわけではありません。状況に応じて、身体のやわらかさと硬さをうまく切り替えることは有用な機能です。たとえばハンドで物を把持する場合、相手に押し当てながらアプローチするときはやわらかさが、相手の形に沿って変形したあとは、しっかりと把持するために硬さが望まれます。

ソフトロボットにおいて身体のやわらかさ／硬さを切り替える方法にはいくつかやり方がありますが、有名なのはジャミング転移という現象を使う方法です。ジャミングとは「詰まる」という意味です。英語で交通渋滞のことをtraffic jamと言いますが、そのjamです。

図2－21は、満田隆先生（立命館大学）らが二〇〇一年に発表した「真空式可変剛性要素」です[13]。ジャミング現象を用いることで、ロボット身体のやわらかさ／硬さを調整しています。

塩化ビニルの樹脂袋の中に数ミリメートルの発泡スチロール粒子をたくさん入れておきます。この粒子は普段は袋の中で自由に動くので、袋はやわらかく変形します。しかし、真空ポンプを使って袋の中の空気を抜くと、袋はつぶれて真空パック状態になり、中の粒子は互いに摩擦で動かなくなって袋全体が硬くなります。袋を曲げた状態で空気を抜けばその形を保ったまま硬くなります。空気を入れれば粒子が自由に動くようになり、またやわらかな袋に戻ります。

満田先生はこの原理を応用して、粘弾性特性を調整できるシートなど種々の要素を開発するとともに、サポータ、ギプス、力覚提示装置、トレーニング装具など、さまざまなロボットへの応用を進めています（**図2-21**）。第一章二節で紹介した、二〇〇九年に米国で発表されたな

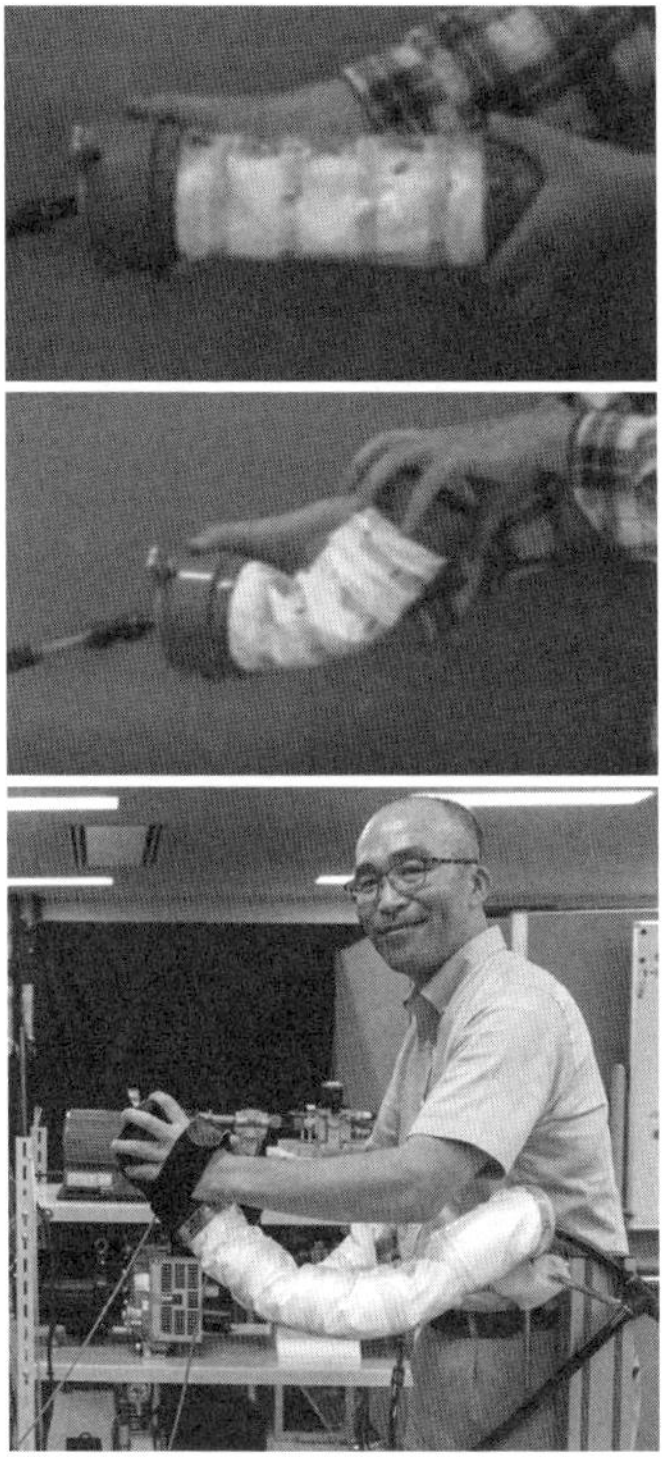

図2-21　真空式可変剛性要素。上：やわらかい、中：曲げた状態で硬くしたところ、下：ロボットアームへの応用（満田隆氏提供）

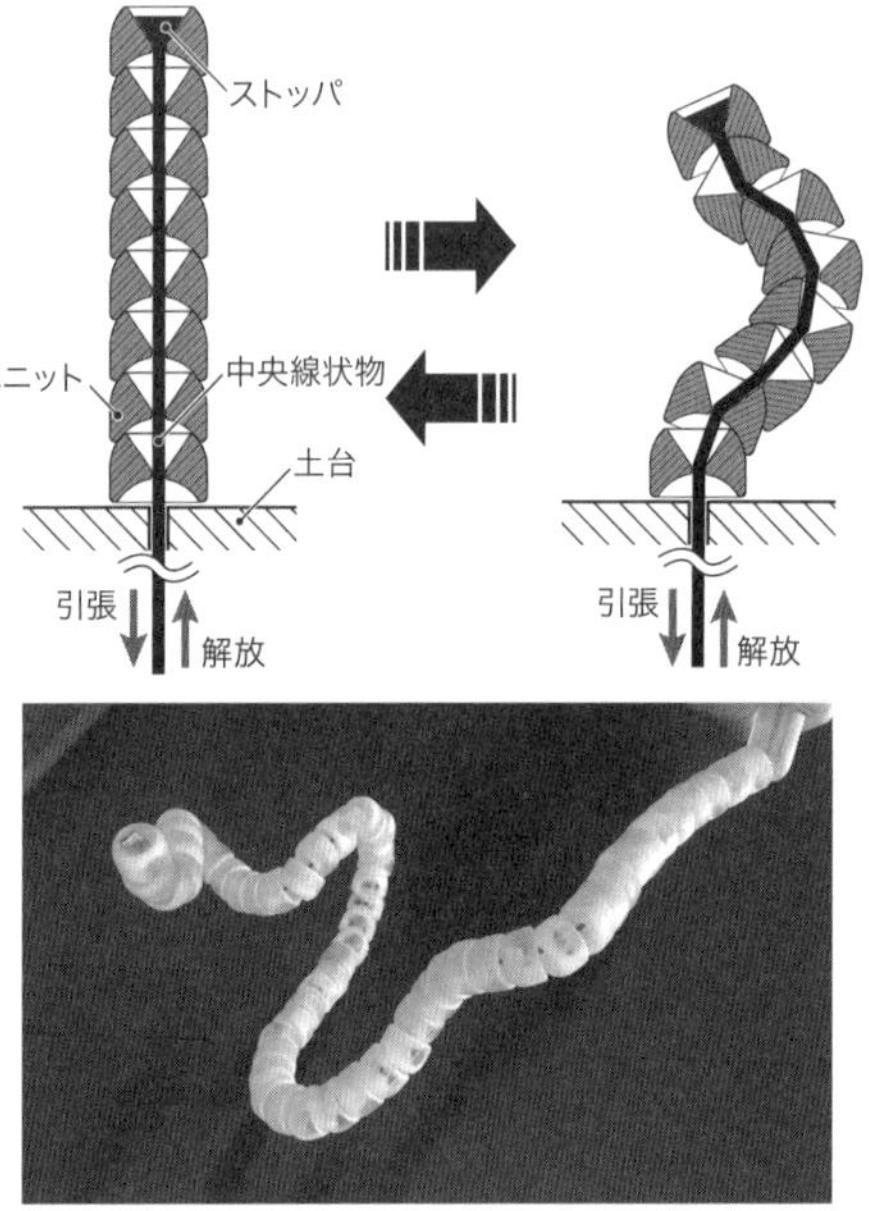

図2−22　数珠型ジャミング。上：原理、下：試作品（多田隈建二郎氏提供）

んでもつかめるハンドも、このジャミング現象を使っています。

　多田隈建二郎先生（前出）は、実兄の多田隈理一郎先生（山形大学）とともに、日本のライト兄弟とも呼ばれるアイディアマンで、さまざまなソフトロボット機構を研究開発しています。**図2−22**は、その一つ「一次元ジャミング転移」です。[14] 数珠《じゅず》の片側の端の玉とひもを固定した状態で中を通るひもを強く引っ張ると、玉どうしが密着して摩擦が生じ、数珠全体が硬く棒のようになります。

　しかし、数珠のように球形の玉を用いると、ひもを引いたとき数珠は直線状になってしまいます。そこで多田隈先生はおわん型の玉を用いました。これにより、任意の姿勢でひもを引いてその形を硬く保つことができるようになったのです。真空を使ったジャミングでは大気圧以上の力は使えませんが、多田隈先生のこの方法はひもの張力次第でさらに強いジャミングが行えます。

現在、ロボットハンドの指など、いろいろなロボットへの応用研究を進めています。

五　やわらかな機能性皮膚

やわらかな電子回路は、折りたためるディスプレイをはじめ、さまざまな応用が期待され、ソフトロボット学が始まる前から、「フレキシブルエレクトロニクス」と呼ばれ研究が進められていました。有機化合物を用いた有機半導体や白川英樹先生（二〇〇〇年ノーベル化学賞）の電気を通すプラスチックなど、日本が基礎研究に貢献してきた分野です。やわらかい材料で電子回路が作れるので、ソフトロボットにとっても非常に重要な技術です。いくつかを紹介しましょう。

薄膜エレクトロニクス

染谷隆夫先生（東京大学）と福田憲二郎先生（理化学研究所）らは、フレキシブルな触覚センサや薄膜太陽電池など、さまざまなフレキシブル電子デバイスを作っています。厚さは数マイクロ

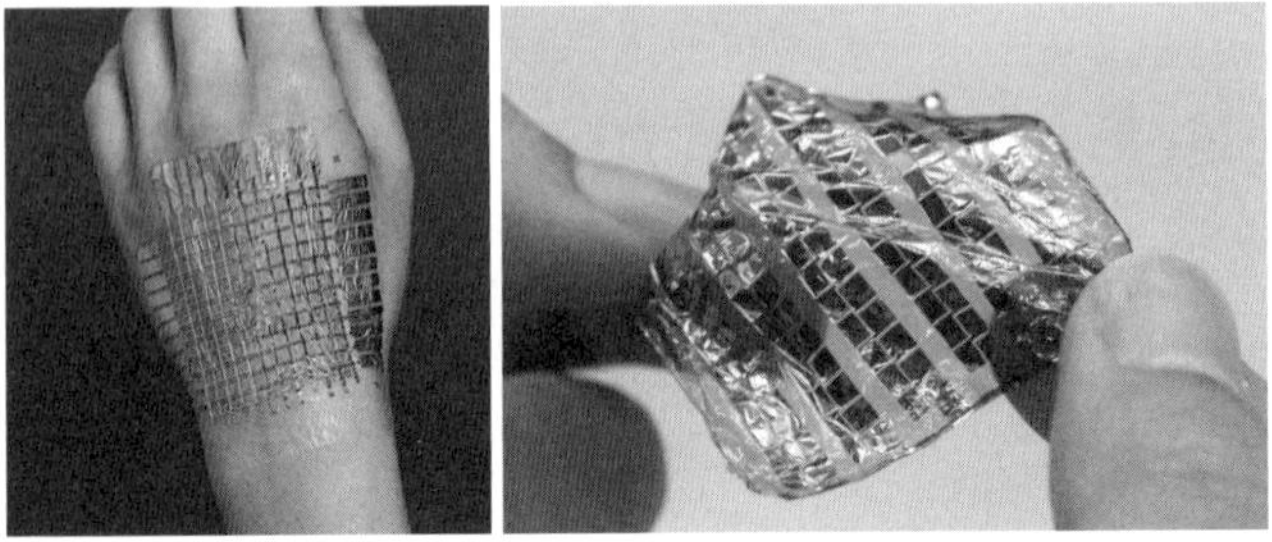

図 2－23　フレキシブルエレクトロニクス。左：皮膚への装着例（染谷隆夫氏提供）、右：薄膜太陽電池（福田憲二郎氏提供）

メートルと薄いので、非常に曲がりやすく、くしゃくしゃに丸めても壊れません。皮膚の表面にそって装着できる電子回路も作れます（**図 2－23**左）。薄いので皮膚の凹凸にそってぴったりと密着しますし、皮膚呼吸も可能です。長時間、体に貼りつけて体温や心電などの生体情報のモニタリングを行うウェアラブルセンサへの応用が期待されます。

図 2－23右は薄膜の太陽電池です。わずか三マイクロメートルの厚さで、伸縮性を持っているので、衣服に貼りつけたまま洗濯することもできるそうです。アパレルメーカと協力し、「通勤中にスーツで発電。スマホを充電」というキャッチフレーズで solar jacket への応用研究を進めています。

現在、福田憲二郎先生らはソフトロボットの体表に貼りつけ、ソフトロボットのエネルギー源として使う研究にチャレンジしています[15]。触覚センサや簡単な電子回路も一緒に作りこめば、エネルギー供給、触覚検出、情報処理といった機能を備えた、高機能のソフトロボット用皮膚ができると期待し

図2－24　筋肉の活動を見るセンサ（左）、臓器に貼りつけた発光素子でがんを治療（右）。藤枝俊宣氏提供

ています。

バイオモニタリング・発光する皮膚

藤枝俊宣先生（東京工業大学）は、さまざまな材料を使って一マイクロメートル以下の薄い膜や電気配線を作っています。**図2－24**左は、手のひらの筋肉の動きを計測するウェアラブルセンサです。薄くて伸縮可能なため、皮膚にぴったりと密着します。激しい動きをしても大丈夫です。

応用の一例として、藤枝先生は投球時の細かな筋肉の動きの計測に成功しました[16]。投球時に手のどこの筋肉を使っているのか解析できるのです。私はセミプロと素人の投球時のデータを見せてもらいましたが、その違いがクリアにわかります。もちろんこの技術は、心電や脳波などの計測にも応用することができます。

この技術は光線力学療法と呼ばれる、がん治療にも応用されつつあります。光線力学療法は、患者さんに光増感剤という薬を投与し、体外から強い光を患部に当てて治療する方法です。光増感剤に光を当てると活性酸素が発生し、これによってがん細胞を死滅させるのです。

図2－24右は藤枝先生が山岸健人先生（シンガポール工科デザイン大学）らと共同で進めているマウスを使った実験の様子です(17)。発光機能を作り込んだ薄膜を、臓器の表面に直接貼りつけて光を当てようというものです。現在の光線力学療法は体外から光を当てるので、身体の深部にある臓器には適応できませんし、強い光の照射によって健康な組織が火傷する心配もあるのですが、この方法ですと患部に直接、それも長時間光照射が可能なので、より効果の高い治療が期待されます。薄膜の表面を改質することで、臓器に密着しやすくしているそうです。

※　※　※

運動前の準備体操は、筋肉や身体の組織をほぐすことで環境への適応性を高め、外部からの衝撃からも身体を守ります。身体の〝やわらかさ〟は、生き物にとってもソフトロボットにとっても、ハプニングが多発する実環境で生き延びていくために、もっとも重要で基本的な特質の一つなのです。

次章では、このやわらかい身体の〝動かし方〟について話を進めましょう。

第三章

しなやかな動き——すべてを仕切らない

〝動き〟はロボット最大の魅力の一つですが、従来のロボット工学とソフトロボット学では、〝動き〟に対する考え方が大きく異なります。

従来のロボット工学における〝動き〟とは、緻密に設計された「身体」と「知能」によって、すべてのモータの動きを操ることで実現されるものです。これに対しソフトロボット学では、ある程度〝いいかげんに〟設計された「身体」と「知能」が使われます。設計者や制御コンピュータがすべての関節の動きをコントロールするわけではないのです。

「柔よく剛を制す」という言葉がありますが、ガチガチの身体と知能では実現できない適応性に富んだ〝動き〟をソフトロボット学ではめざしています。

一　やわらかな機構学

ロボットの〝動き〟を機械工学の立場で扱う学問に「機構学」があります[1]。英語で言ったほうがわかりやすいかもしれません。「機構」とは「メカニズム」のことです。従来の機構学では主として、歯車、カム、リンク機構といった硬い部品で構成されるメカニズムを扱います。硬い部品を前提としていますので、機構学ではきわめて厳密な理論が展開されます。つまり、「部品Aがこう動けばそれと接する部品Bはこう動く」といった理屈を組み合わせて理詰めに考える、言わば一種の幾何学です。

ソフトロボットの動きは異なります。各部品が変形してしまうので、厳密な幾何学の議論はなかなか使えません。ソフトロボット用の「やわらかな機構学」が新たに必要なのです。

自由度

機構学の中で「自由度」はもっとも重要な概念の一つです。ロボットにおける自由度とは、ロボットの姿勢を表すのに必要なパラメータの数です。人間の腕を例にとって説明すると、肩関節は前後・左右・腕まわりの自転の三つの角度でその姿勢を表せるので、肩は3自由度を持つ関節です。肘関節は一方向にしか曲がらないので1自由度を持ちます。前腕はそれ自体が軸周りにねじれますので1自由度を持っています。手首関節は前後・左右に動くので2自由度の関節です。こんな風に考えて、人間の片方の腕は、3自由度の肩関節、1自由度の肘関節、1自由度の前腕、2自由度の手首を持った計7自由度のメカニズムと考えるのです。もちろん指の動きまで考えれば自由度はもっと増えます。

従来のロボットでは、「自由度の数＝モータの数」でした。つまり、すべての動きは制御コンピュータで制御するということです。ところが、ソフトロボットでは、「自由度の数＞モータの数」となります。つまり動きをコントロールできない関節があるということです。このような駆動の仕方を「劣駆動」と呼びます。普通に考えれば、動きをコントロールできない関節があるということは、言葉どおり「（性能が）劣った」ロボットと言わざるを得ません。こんな「いいかげん（無責任）」な設計は、従来のロボット工学では許されません。

ソフトロボットは、究極の劣駆動ロボットと言えます。ソフトロボットは非常に多くの自由度（＝関節数）を持っています。連続体の身体を持つソフトロボットでは、自由度は無限個と言えます。これをすべて制御するには、それと同数のモータあるいは筋肉が必要となり、現実には不可能です。ソフトロボットとは、もともと自分の意のままに自分の身体を完全にコントロールすることはできないのです。

しかし、コントロールできない関節が存在するおかげで、〝できる〟ことが生まれます。

「あとはよろしく」劣駆動

その一つが「適応性」です。

肩と肘の二つの関節を持つロボットで、コーヒーミルのハンドルを回す作業を考えてみましょう（図3－1）。

従来のロボット工学では、肩関節Aと肘関節Bにそれぞれモータを搭載して制御します。手先Cはハンドルのノブが描く円の軌跡上を正確に動く必要があるので、制御コンピュータは目標とする手先Cの位置座標から各関節の回転角度を計算して各モータに動きを指示します。計算自体はさほど難しくはありません。数学好きの高校生なら、ロボットの手先がハンドルノブの円軌跡上を描くのに必要な関節角θ_A、θ_Bの式を、三角関数を使ってすぐに導けると思います。求めたθ_A、θ_Bに従って各関節を動かせば、ロボットの手先はハンドルノブの円軌跡上を動くことになります。

問題は、現実世界では誤差があったり、思わぬハプニングが起こったりすることです。たとえば、製造過程の誤差でコーヒーミルのハンドルの長さが設計図面より一ミリメートル長いかもしれません。一ミリメートルの誤差は人間にとっては何の問題もありませんが、従来のロボットにとっては大問題です。ロボット先端が描く円と、コーヒーミルのハンドルノブが描く円が一致しなくなり、動かせなくなったり、無理に動かすことでロボットやコーヒーミルのあちこちに無理な力が発生したりします。あるいはコーヒーミルの位置が何かの拍子にずれてしまうかもしれません。従来のロボット工学では、こうした想定外の状況に対応するにはそのたびにプログラムを書き換えなくてはなりません。

劣駆動設計では、肘関節Bにはモータを配置しません。肘関節Bは自由に回転できるようにしておきます。すると、肩関節Aをモータで動かすと肘関節Bはそれにならって自然に動きます。肘関節の角度θ_Bを計算する必要がないのです。そうしておくと、多少製造誤差があっても、コーヒーミルの位置がずれても、プログラムを変更することなく自然に適応、順応できるのです。

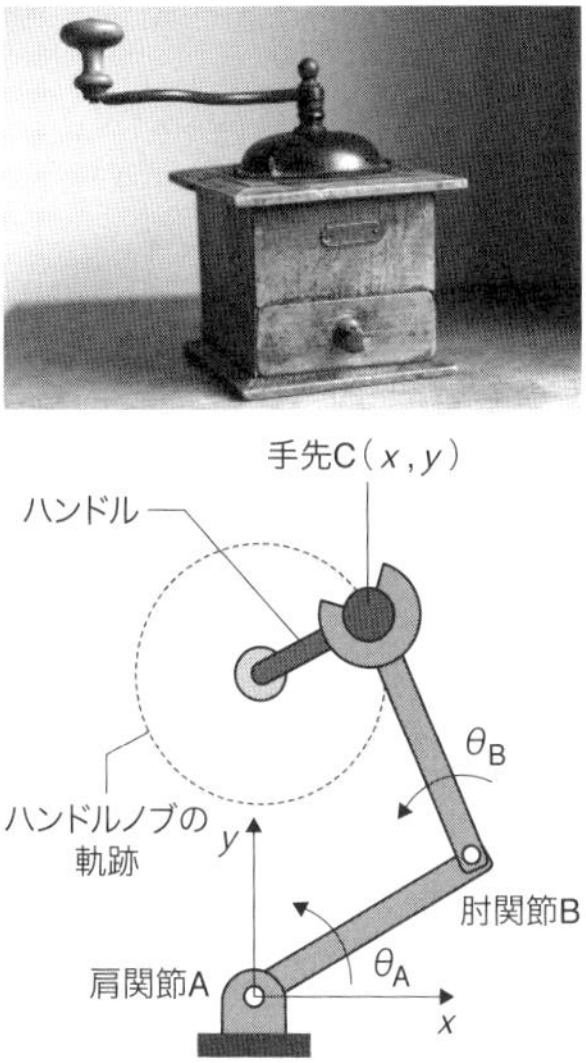

図3−1　コーヒーミルのハンドル回し（劣駆動の効果）

図3−2は広瀬茂男先生（東京工業大学名誉教授）が開発したソフトグリッパです。二本の指が相手の形状に倣って閉じてゆくことで、いろいろな形状の物体を安定して把握することができま

す[2]［▶3－1］。各指は五個の部品が五つの回転関節で連結されていますが、各関節にモータは搭載されていません。各関節は内部に配置した二本のワイヤで駆動されます。片方のワイヤをモータで巻き上げると二本の指は閉じてゆき、他方のワイヤを巻き上げると二本の指は開きます。このハンドは二本の指で計一〇個の関節を持つのですが、それをたった二つのモータで駆動します。ですから、各関節の動きを個別に駆動することはできず、相手との接触によって各関節の動きは決まっていきます。典型的な「劣駆動」です。しかしこの〝無責任な〟設計こそが、いろいろな形状の物体を安定して把持する〝適応性〟を実現するのです。

もう一つこのハンドで面白いところは、各指の関節は根元側の関節から順に閉じていくことです。図を見れば容易に推測できますが、指の先端から閉じ始めると指の先端が相手にぶつかって握れません。根元の関節から閉じだすことで相手を包み込むように曲がっていけるのです。これはワイヤの引き回しの工夫によるものです。根元側の関節のほうが大きな回転力が出るように工夫されているのです。

ロボットの設計者がコンピュータを使ってロボットの動きのすべてを仕切るのが、従来のロ

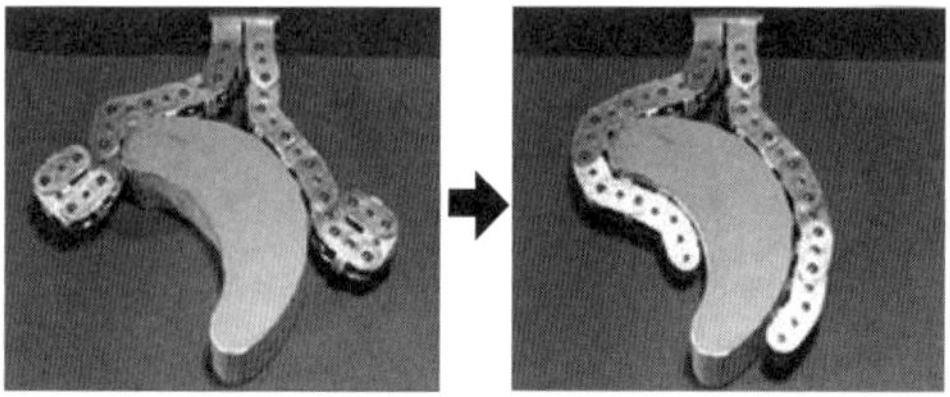

図３－２　劣駆動グリッパによる倣い動作。２本のワイヤの操作で駆動される（広瀬茂男氏提供）

▶3-1

ボット工学の考え方だとすれば、ソフトロボット学は「細かな判断を現場に委譲する」やり方と言えます。適切な能力を持つ現場に、適切な権限委譲を行えば、現場はその状況に適応して〝良いかげん〟に機能するのです。

二　ソフトアクチュエータ

アクチュエータとは

アクチュエータとは動きや力を創り出す装置の総称です。モータや油空圧シリンダは現在広く使われている代表的なアクチュエータですが、そのほかにもさまざまな原理のアクチュエータが研究されています。(3) やわらかい構造を持ち、やわらかに動くアクチュエータは、「ソフトアクチュエータ」と呼ばれます。従来の多くのアクチュエータが硬いボディを持ち、精密な硬い動きをめざしていたのとは対照的です。

第一章で紹介したとおり、古くからさまざまなソフトアクチュエータが開発されてきました。動作原理別に代表的なソフトアクチュエータを見ていきましょう。

空圧ゴムアクチュエータ

内部に空間（圧力室と呼びます）を有したゴムの構造体を作り、この空間に圧縮空気を送り込むとゴムが変形します。ゴム構造体の形を工夫することで、さまざまな望みの動きが行えるのでアクチュエータとして機能します。この形式のアクチュエータを空圧ゴムアクチュエータまたは空圧ラバーアクチュエータと呼びます。空気の代わりに水や油など液体を使うこともあります。

さまざまな構造の空圧ゴムアクチュエータがありますが、代表的な物の一つにベローズ型があります。ゴム構造物の一部にベローズ（ジャバラ）構造を作り込んでおくと、圧縮空気を送り込んだ際にその部分だけが大きく膨らんで動作します。

図3-3は、フランスのジュコマティック社が開発した「ニューマティックフィンガ」です[4]。ニューマティックというのは「空気駆動」という意味です。内部に圧縮空気を送り込むとジャバラ部が大きく変形して指全体が曲がりロボットフィンガとして機能します。近年話題のソフトロボットハンドで頻繁に用いられている形式ですが、じつは一九八〇年代にはジュコマティック社がすでに商品化していました。日本ではNOK社が販売代理店として販売して当時立派なカタログがあり、私自身もライバル技術の調査のために購入したことがあります。このように、現在、話題となっている技術が、じつは以前に開発されていたというのは、アクチュエー

タの世界ではしばしばあることで、若い研究者、技術者は開発を進める前に過去の文献などをよく調査することが重要だと思います。現在私の手元には、このニューマティックフィンガの現物も、カタログも、技術資料も残っておらず、大変残念です。実際の元祖ベローズアクチュエータの動きの動画はないので、代わりに私たちの研究室で作った同じ形式のフィンガの動画を見てください［▶3-2］。

図3-4はフレキシブルマイクロアクチュエータ（FMA）と呼ぶ空圧ゴムアクチュエータで、一九八六年に私たちが開発したものです。第二章で紹介したロボットハンド（**図2-1上**）の各指です。

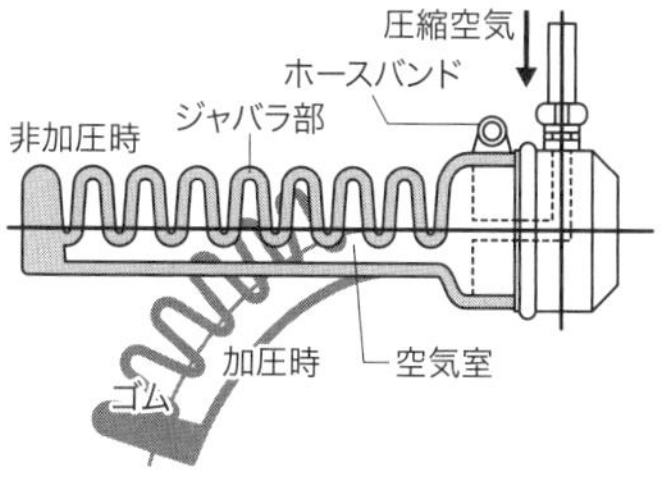

図3-3　ニューマティックフィンガ（ジュコマティック社、1985年頃）

内部が三つの扇型の部屋に分かれたゴムの成形品でできています。ゴムの外壁には図に示すように周方向に繊維が埋め込まれているので、このゴムは内部に圧縮空気を入れると軸方向には伸びやすいのですが、径方向には膨らみにくい性質を持っています。

三つの圧力室の空気圧は、細いホースを通じてそれぞれ独立に制御できます。たとえば、圧力室1に圧縮空気を送り込むとこの部屋が伸長し、その結果、FMAはy方向に曲がります。また、たとえば圧力室2と3に同時に圧縮空気を送るとこの二つの部屋

▶3-2

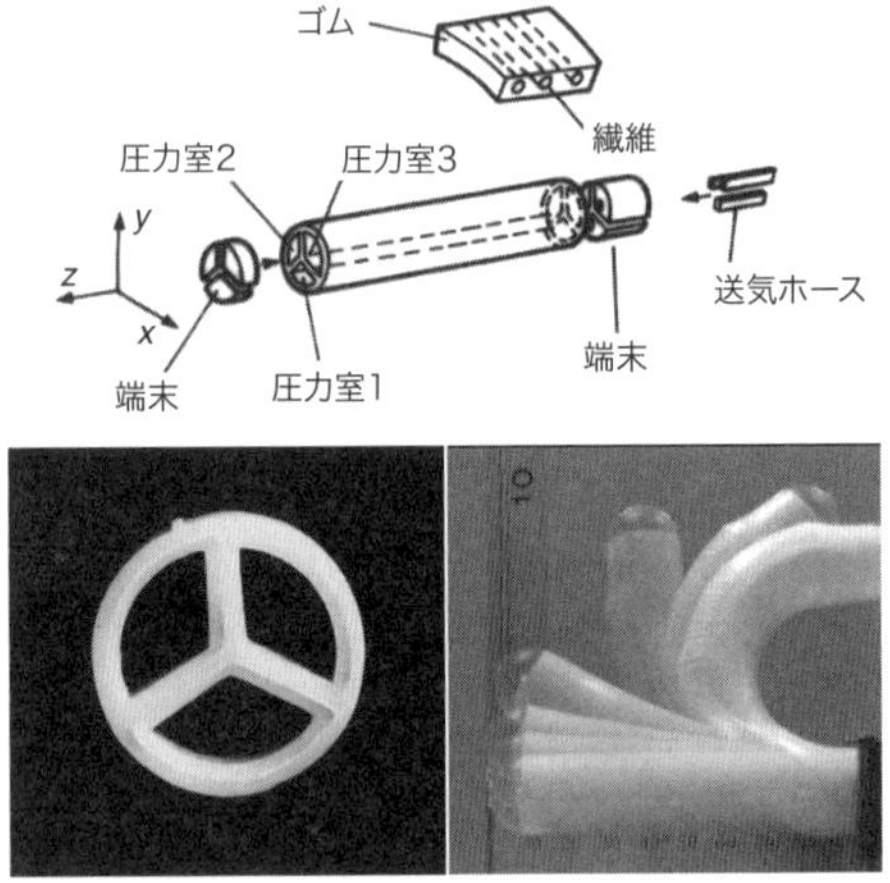

図3－4　FMA（フレキシブルマイクロアクチュエータ）

が伸びて、ＦＭＡは$-y$方向に曲がります。このように三つの圧力室の空気圧をコントロールすることによって任意の方向に曲げることができます。もちろん、周囲のものと接触する際には、その形状になじんで変形します。

　本書ではこれ以降もＦＭＡを例に使って何度か説明をしますので、ちょっと覚えておいてください。動画はすでに紹介済みですが、もし忘れていたらもう一度見てくださいね［▶1-1］。

「空気圧源はどうするんですか？」「空圧アクチュエータの背後には大きなコンプレッサ（空圧ポンプ）が隠れているのではありませんか？」というのはよく受ける、ごもっともな質問です。コンプレッサ、制御バルブ、それらとアクチュエータを結びつけるホース、これらの存在は、空圧ゴムアクチュエータに限らず、すべての空圧アクチュエータが抱える大きな問題です。電

▶1-1

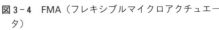

動アクチュエータでも、コンプレッサの代わりに電源が、制御バルブの代わりにトランジスタが、ホースの代わりに電線が必要なので、構成としては同じなのですが、空圧の場合はどれもが電気のものに対して大きいのです。

内視鏡やロボットハンドのように、制御装置のそばにコンプレッサとバルブを置き、アクチュエータがホースでつながっていてもよい状況ではさほど問題にはなりません。しかし、自立型のロボットに空圧アクチュエータを適用することは、現段階では空気圧アクチュエータの致命的な弱点になっています。

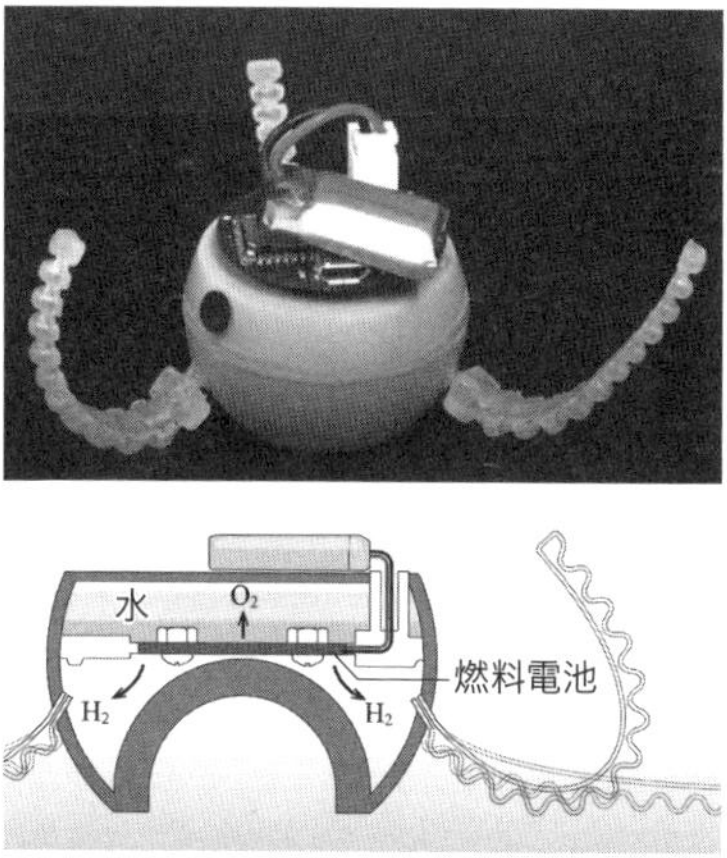

図3-5 化学反応を利用した自立型ロボット

このような問題を解決するために、小型のポンプの開発や、化学反応を使った研究が進められています。**図3-5**はその一例で、水の電気分解と合成を電流でコントロールして、三本のベローズ型空圧ゴムアクチュエータをタコの腕のように動かすロボットです(5)。ロボットの内部には燃料電池が組み込まれていて、電流を流すと水は水素と酸素のガスに分解され大きな体積を占めます。また、水素と酸素ガスを水に戻せば体積は減ります。このような原理で、ロボットに搭載された電池と回路によって、完全に自立した動作が行えます［▶3-3］。

マッキベン型人工筋肉

マッキベン型人工筋肉も空圧ゴムアクチュエータの一種です。現在実用レベルにある数少ない人工筋肉の一つです。

この人工筋肉は、ゴムチューブとそのまわりに編み込んだ編組《へんそ》からできています（図3-6）。ゴムチューブに圧縮空気を送り込むと、ゴムチューブが膨れて編組角θが大きくなり、これに伴って人工筋肉は長手方向に縮みます。人間の筋肉とだいたい同じ二〇～三〇パーセント縮み、最大の収縮力は同じ太さの人間の筋肉の二～三倍です。

その歴史は古く、一九六〇年ごろにはすでに米国で体の不自由な人の動きをサポートするのに使われています(6)。一九九〇年ごろにはブリヂストンからも販売され、塗装用産業ロボットな

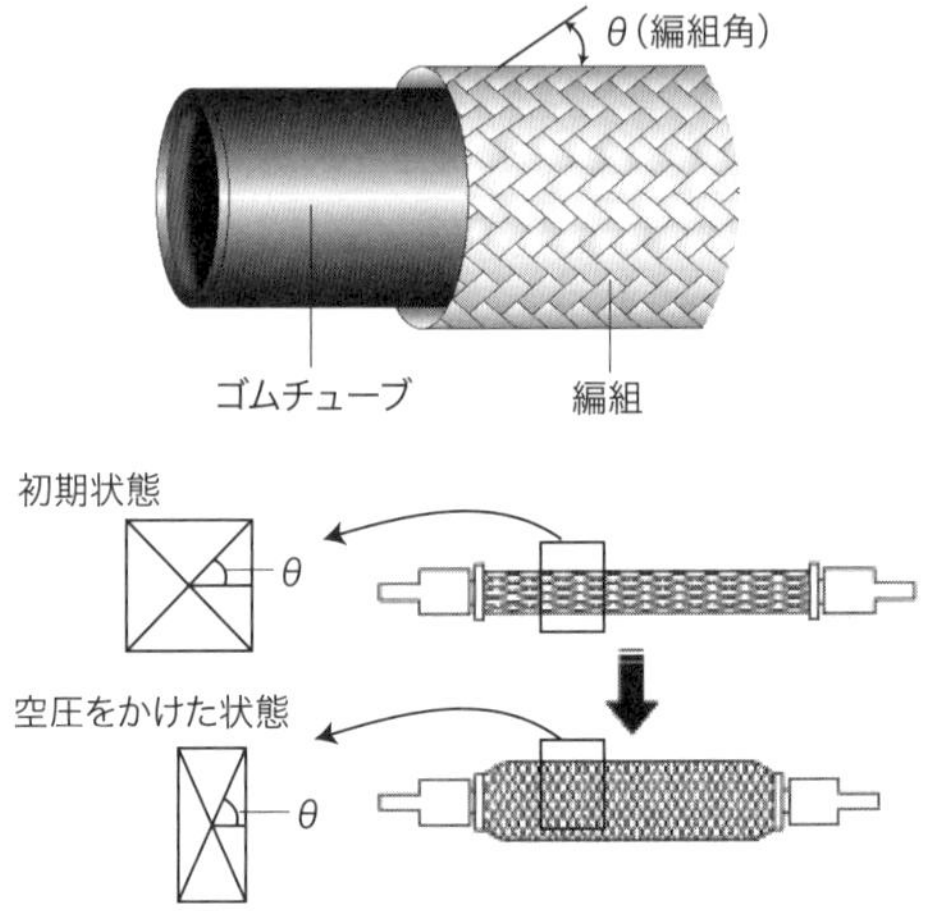

図3-6　マッキベン型人工筋肉

▶3-3

どに応用されていました。電気を使わないので有機溶剤の蒸気が漂う環境でも使える防爆アクチュエータとして着目されていました。現在も世界の数社から販売され、サポートスーツの駆動にも使われています。動きがやわらかいのと軽いのとで、人間の身体を動かすには向いているのです。

ポリマーアクチュエータ

空圧ゴムアクチュエータと並ぶもう一つの代表的なソフトアクチュエータは、高分子材料を使ったポリマーアクチュエータです。pHや温度の変化に反応して動くさまざまな高分子アクチュエータがこれまでに開発されています。第二章二節で紹介した「釣り糸人工筋肉」（**図2-10**）は温度によって動作する代表的なポリマーアクチュエータの一つです。温度を変えるために導電線を釣り糸と一緒に巻いて、通電による発熱を利用する方法などが採られます。

多くのポリマーアクチュエータの中でも現在とくに注目されているのは、電気刺激によって動くアクチュエータです。英語の頭文字をとってEAP（electro-active polymer）と呼ばれます。

代表的なEAPを二つ紹介します。

一つは、イオン導電性アクチュエータ、IPMC（ion polymer metal composite）アクチュエータです。内部に水とイオン（たとえばH^+）を含む高分子材料と、その両面に形成された薄い金属の

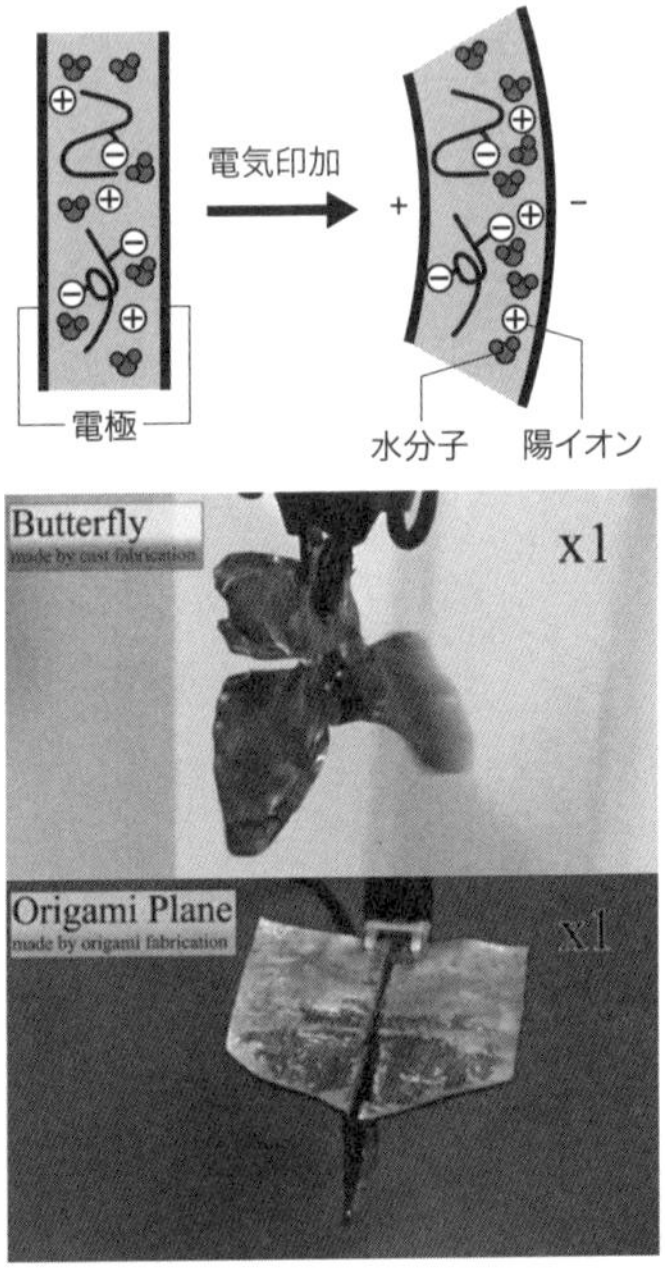

図３－７　IPMCアクチュエータ。上：動作原理、下：ロボットへの応用

電極から構成されます。電極に電圧をかけると、陽イオンと水分子がマイナス電極側に移動します。移動した側は膨潤するので高分子膜自体が湾曲動作をするのです（図３－７上）。ＩＰＭＣアクチュエータは一九九〇年ごろに日本で開発され（図１－４）、現在世界中で研究が進められているポリマーアクチュエータです。[7]

図３－７下は私たちが作った、チョウや紙飛行機型のＩＰＭＣ製ソフトロボットです。[8] ナフィオンというイオン導電性高分子材料を溶媒に溶かして液状にし、型に流し込んだり、３Ｄプリンタを使って成形します。そのあといくつかの化学処理を行い、電極を作ると完成です［▶３－４］。二～三ボルト程度の比較的低い電圧で動作します。

もう一つは、誘電エラストマーアクチュエータ、ＤＥＡ（dielectric elastomer actuator）です。薄い高分子材料の両面に電極を形成した構成（図３－８上）はイオン導電性アクチュエータと同じですが、ＤＥＡで使われる高分子材料は電気を通しません。代わりに高い誘電率を持ちます。

▶3-4

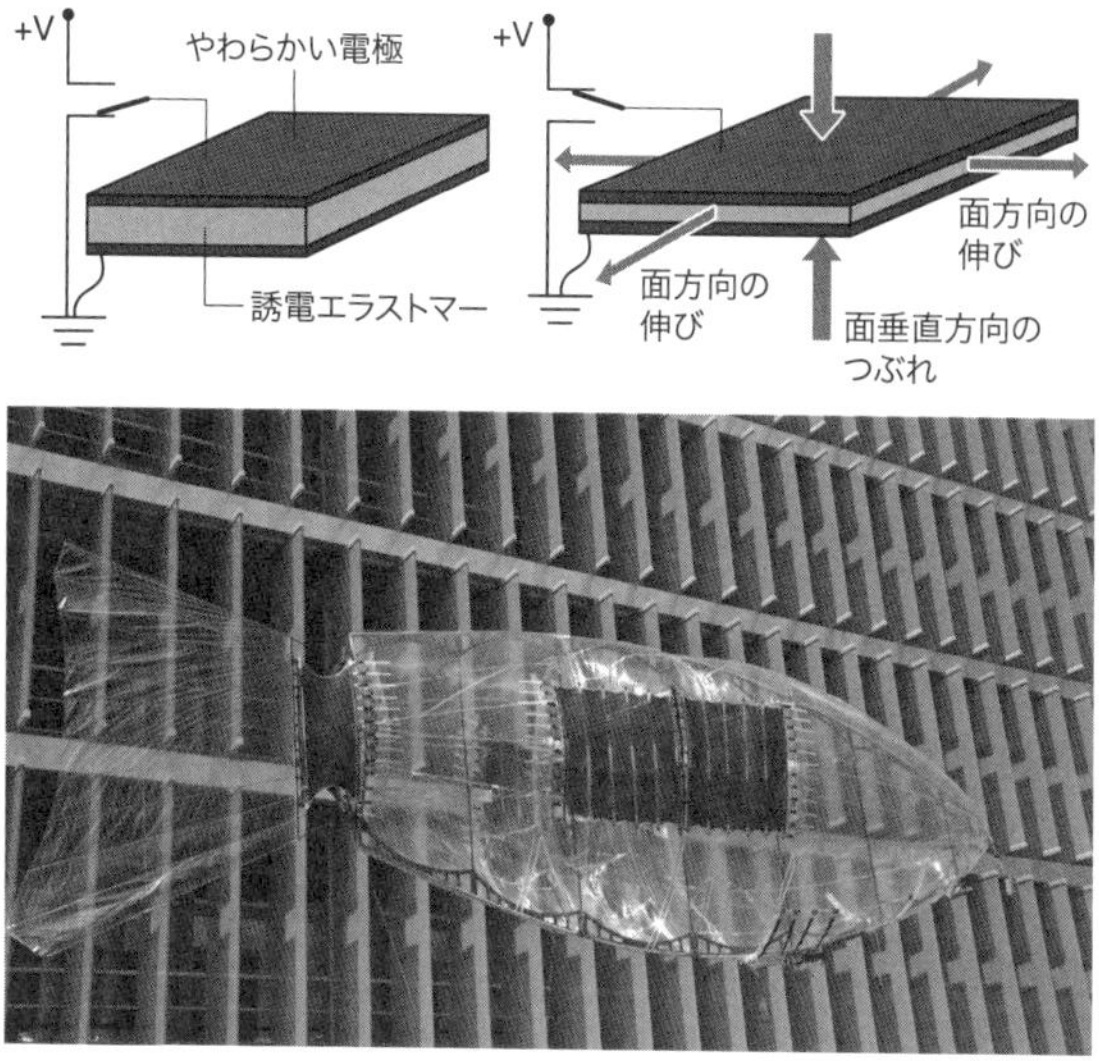

図3－8 誘電アクチュエータ（DEA）。上：動作原理、下：DEAで駆動されるロボット（S. Michel氏提供、Swiss Federal Laboratories for Materials Science and Technology）

一般に高い誘電率を持つ材料に電圧をかけると大きな静電力が発生します。したがって、DEAの電極に数〜数十キロボルトといった高電圧をかけると、静電気力が発生して高分子材料がつぶれ、アクチュエータとして機能します(9)。つぶれると言っても非常に小さい動きですので、これをどのように使うかが研究ポイントの一つになります。

その一つの方法は、DEAの面に対して垂直方向のつぶれ量を利用するのではなく、つぶれに伴って生じる面方向の〝伸び〟を利用する方法です。通常、つぶれ方向の変位は数十〜数百マイクロメートルであるの

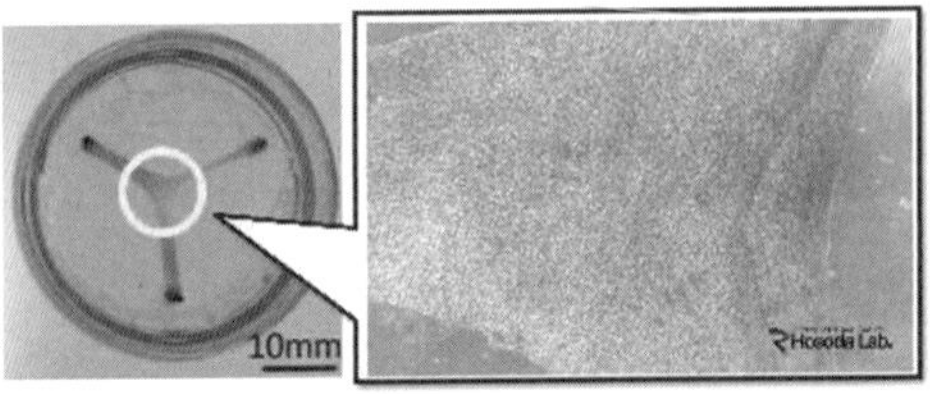

図3-9　筋細胞を材料とするロボット試作（清水正宏氏提供）

に対し、うまく作れば面方向にはミリメートルオーダの変位が得られます。

図3-8下は、シルバン・ミシェル先生（スイス連邦材料試験研究所）らが開発した魚型ロボットです[10]。前章で述べたインフレータブル構造が使われています。全長八メートルの大型ロボットです。大面積のＤＥＡがバルーン側面に作り込まれており（写真の黒い部分です）、身体を曲げ、ひれを動かして空中を〝泳ぎ〟ます［▶**3-5**］。軽くて薄いＤＥＡの魅力がわかるはずです。

バイオアクチュエータ

生体由来の材料、あるいは生体組織そのものを使ったアクチュエータはバイオアクチュエータと呼ばれます。

筋細胞を使って刺激に対する順応性や自己修復機能を持つ触覚センサを開発した清水正宏先生（前出）の研究は前章で紹介しました（**図2-16**）が、清水先生はアクチュエータの材料としても、筋細胞を使っています[11]。

シリコーンゴム上に、筋細胞を設計したとおりの形に増殖させ、ロボットを作ろうというも

▶3-5

のです。**図3―9**は、三本の足を持つ、タコ？ヒトデ？型のロボットです。設計した場所に細胞が増殖して筋肉構造を形成するように、ベースとなるシリコーンゴムに増殖しやすさ／しにくさを変えた処理をあらかじめ施すことで、望んだ形の筋肉構造を創り出すことができるのです。まだ研究段階ですが、電気をかければ筋肉は収縮しますし、触覚センサと同じように、自己修復機能や、動きや環境に応じて細胞の密度や向きを自分で修正して適切な運動能力を発揮して適応する能力を持つことも期待できます。立体的な形状のロボットもできると楽しみにしています。

三　ソフトアクチュエータが実現するロボット

ソフトアクチュエータを使ったロボットを紹介しましょう。ソフトロボットの有望な応用分野の一つとして、医療、介護、運動サポートなど、人と接触する分野が考えられています。

大腸内を進むソフトロボット

大腸内視鏡の検査を受けられたことはあるでしょうか。外径約一センチメートル強の内視鏡を肛門から大腸の一番奥まで挿入して行う検査です。

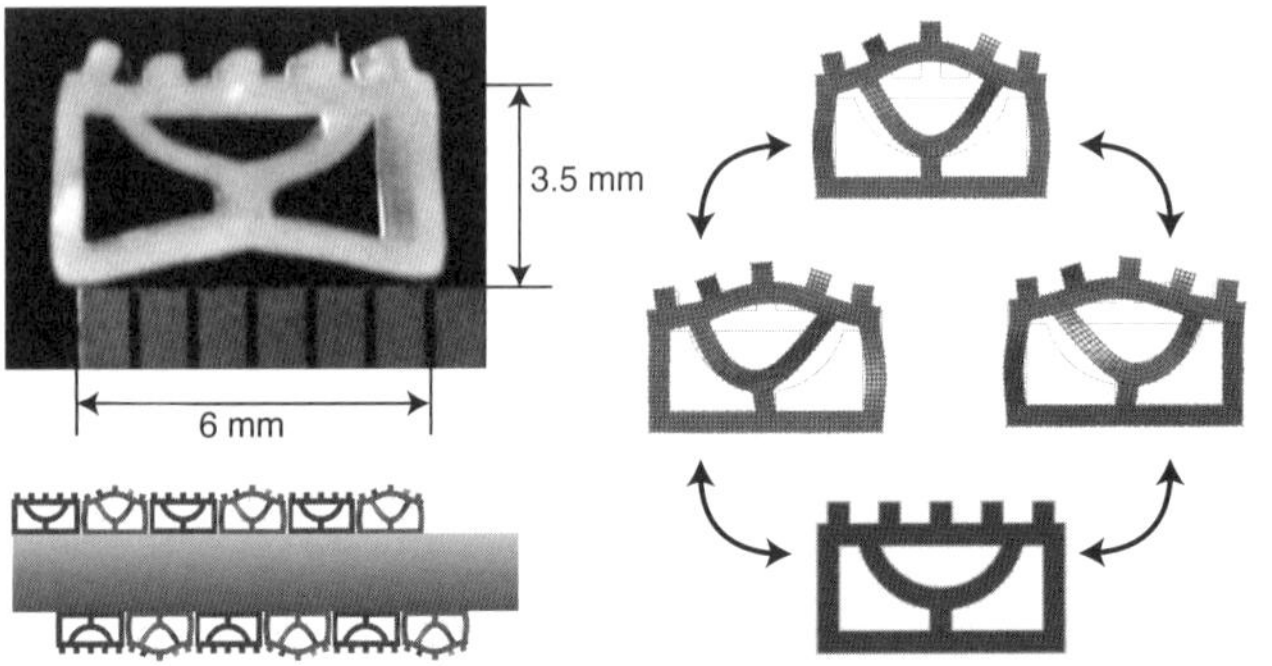

図3－10　自走型大腸内視鏡。左上：ゴムチューブ断面、左下：2本のゴムチューブを内視鏡に巻きつける、右：順番に圧縮空気を送る

人間の大腸はクネクネと曲がっているうえに、身体にしっかりと固定されているわけではないので、内視鏡をただ押し込んでも大腸が変形して簡単には挿入できません。私は以前、内視鏡の開発に携わっていたことがあるので検査の様子を何度か見ていますが、内視鏡医はさまざまなテクニックを使って挿入していきます。しかしそれでも、挿入が難しいケースが時々あります。ソフトロボットの技術を使って自走型の大腸内視鏡はできないでしょうか。

私たちは、**図3－10**のような三つの穴を持つゴムチューブを作りました[12]。押し出し成型と言う、ところてん方式の製造法で大量に生産できるのがメリットです。この三つの部屋に順に圧縮空気をかけていくと、先端が楕円の軌跡を描くようになります（**図3－10**右）。このチューブを二本平行に並べて内視鏡の周りに巻きつけます（**図3－10**左下）。二本のゴムチューブをちょうど位相を半分ずらせて駆動すると歩行動作が実現し、大腸内を移動することができます［▶3－6］。まだ実用には至っていませんが、現在、改良、研究が進められています。

胃内のバリウムを動かす

バリウムを飲んで行う胃のX線検査は、集団検診や人間ドックで受けた方も多いと思います。経験がある人はわかると思いますが、検査中に検査ベッドの上で回転するように検査技師から指示されたり、あるいはベッドを急な角度に傾けられたりします。これは胃の中のバリウムを動かしているのです。バリウムが胃の中で適度に分散した状態でないと胃壁の鮮明な像は得られないのです。検査技師はモニタ用のX線映像をリアルタイムで見ながらベッドを操作し、ここぞというタイミングを見つけて写真を撮ります。

こうやって胃の中のバリウムを動かして検査をするのはあまり効率の良い方法とは言えません。そこで開発したのが、内部に五つの空気室を持つソフトロボットです[12]（図3－11右上）。被験者の腹部とベッドの間に挟んで用い、被験者の腹部を押すことで皮膚の上から胃を圧迫すると、胃内にあるバリウムを動かすことができます。検査技師がX線のモニタを見ながらジョイスティックを操作して、腹部を押す方向と力を制御します（図3－11左上）。人間ドック検診において六〇名以上の方を対象とした試験を行い、その有用性を医学的に示しています。被験者の身体

▶3-6

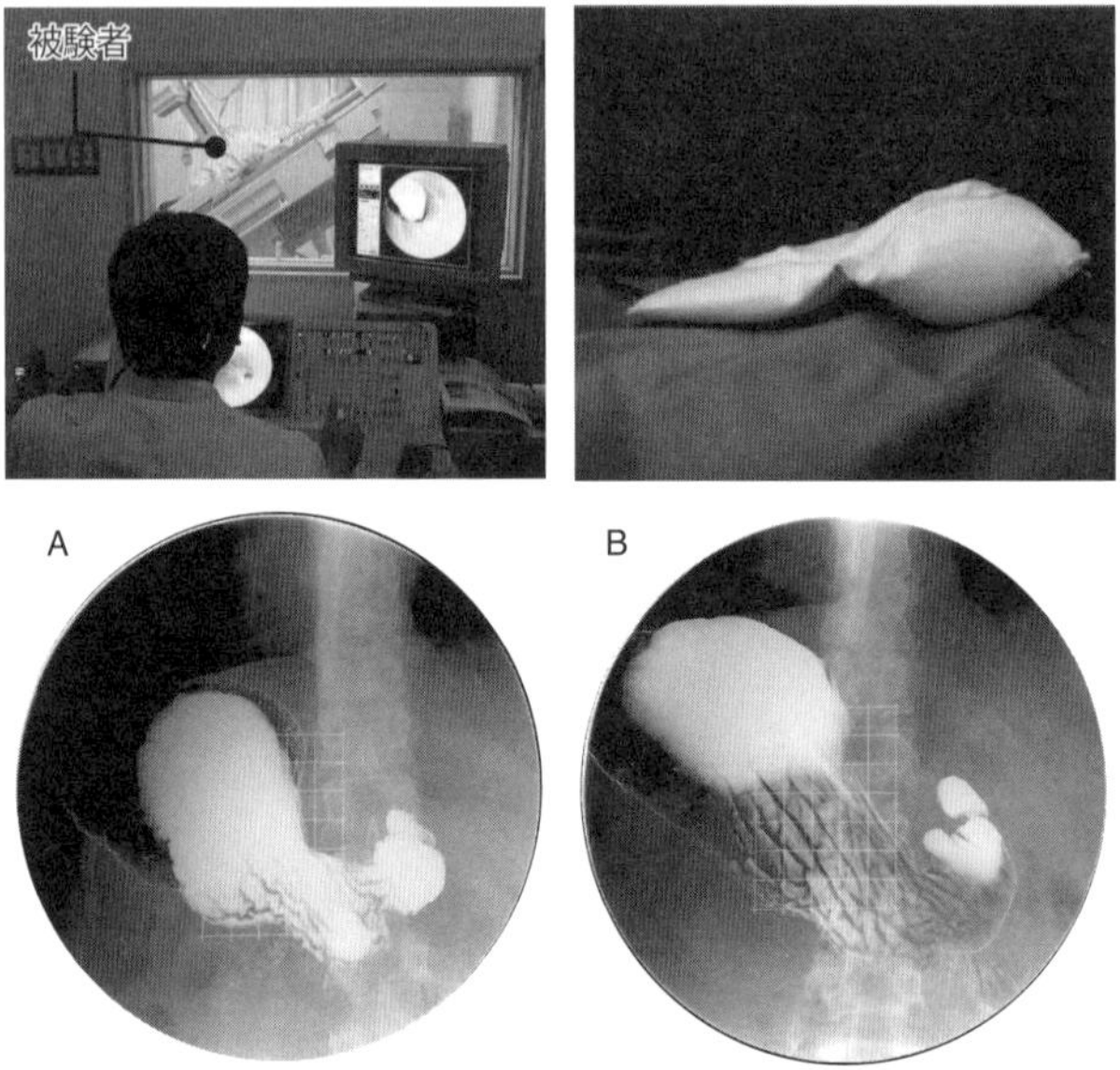

図3－11　胃のバリウムを動かすソフトロボット。左上：検査の様子、右上：ソフトロボット（ベッドと被験者の間に挟んで使う）、A：胃壁が見えない、B：バリウムを適度に分散させると胃壁の様子が見える。

の形に沿って変形し、傷つけずに圧迫できるのはソフトロボットのやわらかさのおかげです。

　さらにもう一つ、X線が透過するのもじつはソフトロボットの本質的な特徴の一つです。金属や磁石からなる機械ではX線の画像に写って検査の邪魔になります。金属を使わず樹脂を中心としたソフトロボットの身体は、X線検査に向いています。また、じつはMRI（核磁気共鳴断層撮影）にも向いています。金属を使わないので強い磁場を用いる環境でも動作できるのです。

前節で紹介したマッキベン型人工筋肉（図3－6）は、通常数センチメートルの太さですが、私たちはこれを数ミリメートルに細径化し、大量に生産することに成功しました（図3－12）。ただ細くしただけではないか、と言われればそのとおりですが、〝ただ細くする〟のが難しいのです。細径化に伴って高い加工精度が必要になります。サイズを小さくするほど、ゴムチューブの成形誤差が人工筋特性に与える影響は甚大になります。ゴムの原材料に小さなゴミが混ざり込んでいても、太いゴムチューブではゴムチューブの壁の中に埋もれて大きな影響はありませんが、細いゴムチューブではチューブの壁の強度を大きく下げてしまいます。ゴムチュー

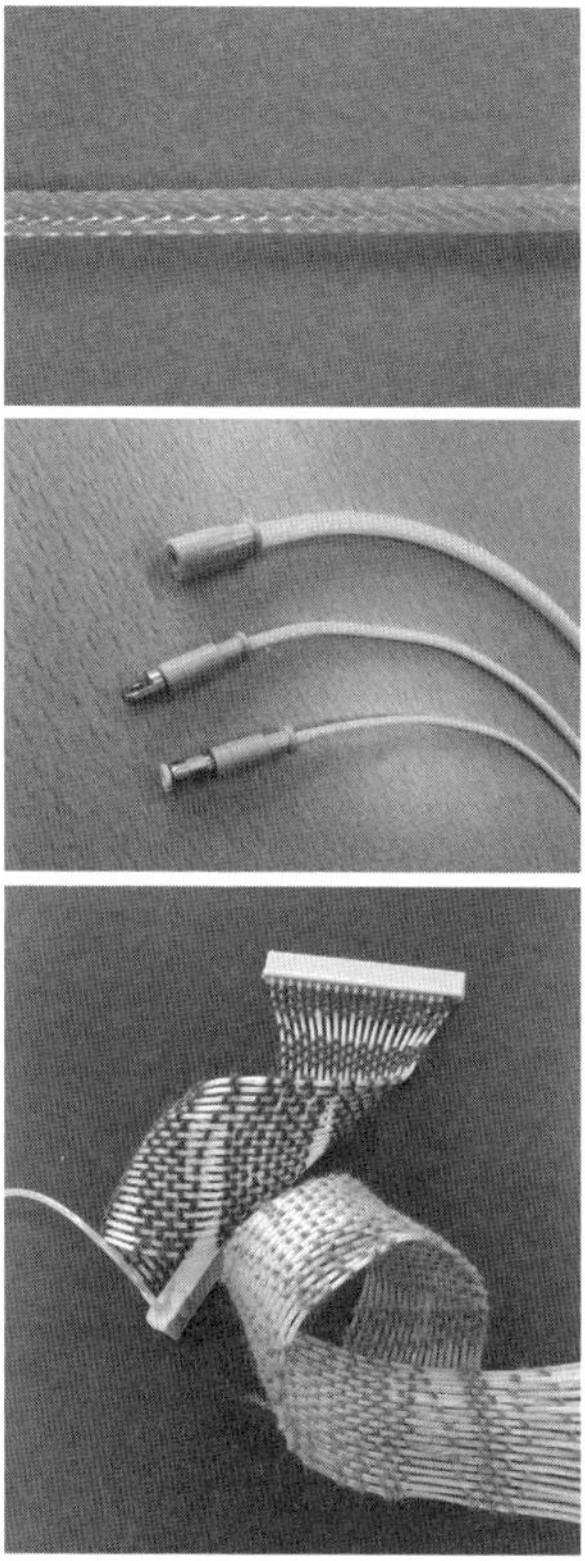

図3－12　細径マッキベン型人工筋肉。上：拡大図、中：空気を入れる端末、下：人工筋肉を編んで作った「動く布」

ブの周りに編み込む繊維もまったく相似に細くすることはできません。細径化に伴い、これまでのセンチメートルオーダのマッキベン型人工筋肉では問題とならなかった、さまざまな技術課題が出現するのです。

私たちは専門メーカと協力してこれらの問題を解決し、大学発ベンチャー企業を立ち上げて、二〜五ミリメートルの細径人工筋肉を販売しています[13]。

細い人工筋肉は、やわらかく、これを編むことで「動く布」として機能します［▶3-7］。従来の太い人工筋肉は、圧縮空気を入れると硬い棒のようになってしまいますが、非常にしなやかです。それによって身体へ装着するさまざまな新しい応用が実現できます。

図3-13上は身体が不自由な人の動きや、力仕事をする際に身体の動きをサポートするものです[14]。写真は上肢のサポートの例ですが、このほかにも、腰、脚、手などさまざまな応用研究が現在進められています。

図3-13中は高橋宣裕さん（東京工業大学）らが作った手や指の動きをサポートするグローブです。私がとくに気に入っているのは「誰でもピアニスト」グローブです。このグローブをはめると指が楽譜どおりに勝手に動いてくれるので、誰でもピアノがすぐに弾けるようになる、ということをめざしたグローブです[15]［▶3-8］。自分の指を動かしてピアノを弾くというのは、CDや自動ピアノの演奏を聞くのとはまるで違います。このグローブは譜面どおりの標準的な

▶3-7

▶3-8

指の動かし方をサポートしてくれますが、それに加えて、ちょっとした強弱、テンポの揺らしなど、自分の音楽表現が加えられるのです。通常はまず譜面どおり指を動かせるようになるまでに大変なトレーニングがいるのですが、その過程を省略し、いきなり音楽の本質から入ることができるのです。まだ、いくつか課題があり研究途上ですが、これが完成したら私もぜひモーツァルトやショパンを弾いてみたいと思っています。

図3–13下は、秋田大学の整形外科の先生方と共同で私たちが進めた下肢静脈での血栓発生防止装置です(16)。手術後病床でじっとしていると下肢の静脈の中で血栓ができ、これがたとえば肺に飛ぶと大変なことになります。いわゆるエコノミークラス症候群です。人工筋肉で足を動

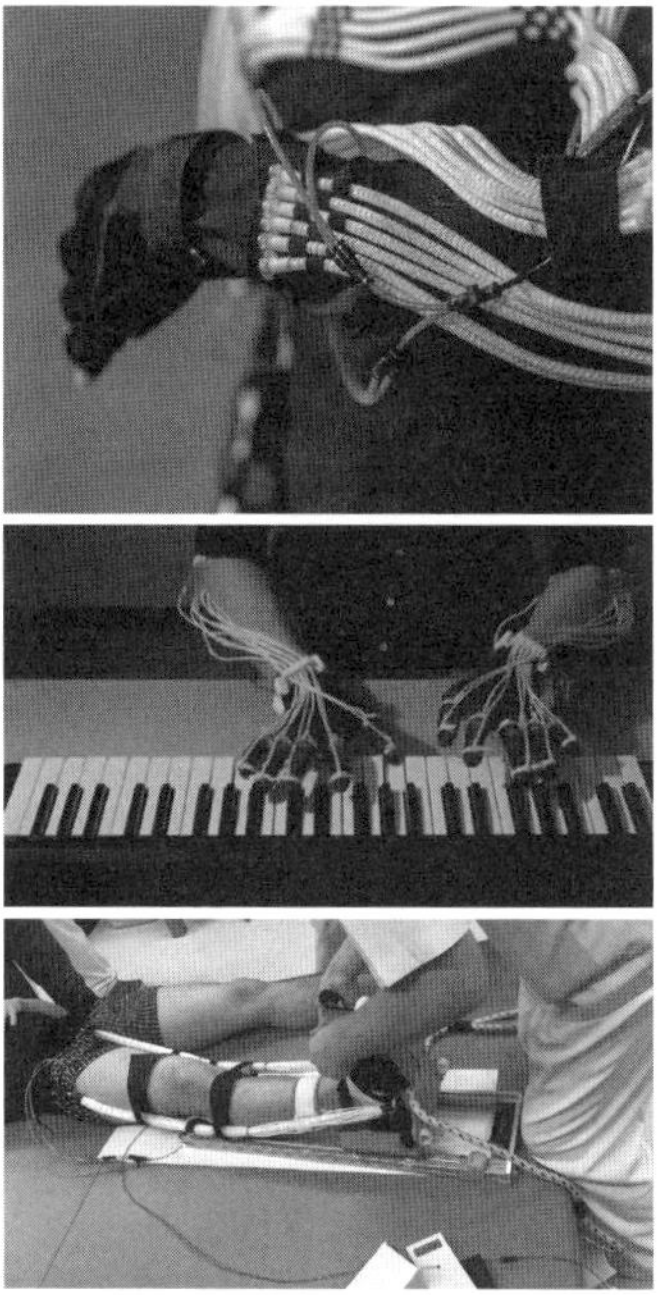

図3–13　身体サポートへの応用例。上：上肢サポートスーツ、中：誰でもピアニスト？（高橋宣裕氏提供）、下：下肢静脈瘤防止装置

かすソックスをはいて足首をいろいろな方向に動かすと、静脈血流が増加し血栓の発生を防止できます。

ここで紹介したものはまだいずれも研究途上で実用化にはなっていませんが、このように身体にやさしく働きかけるソフトロボットの実現をめざして研究開発が進められています。

筋骨格ロボット「ガイコツ君」

動物の筋肉は筋繊維と呼ぶ細い筋肉が、たくさん束になってできています。私たちの身体では、大きな力が必要な場所はたくさんの筋繊維が集まった筋肉が、細かな動きを行うところには比較的少ない数の筋繊維からなる細い筋肉が、それぞれ形成されます。また筋繊維の集まり方によって、板状の筋肉や先が二つに分かれた筋肉などいろいろな形状の筋肉が形作られます。

図3-14は、これと同じように、細径人工筋肉を束ねて形成した種々の大きさや形の筋肉を、人間の骸骨模型に組み込んで作ったロボットです[17]。私たちの研究室では「ガイコツ君」と親しみを込めて呼んでいます。整形外科医や解剖学者にもアドバイスをもらい、人間の筋骨格構造をできるだけ真似て作りました。すると、人間の身体とよく似た、生き物のような滑らかな動きが実現できるのです。たとえば、太ももを横に振り上げるときの太ももの筋肉の動きには、なんだか生き物的な〝なまめかしさ〟さえ感じませんか？［▶3-9］

▶3-9

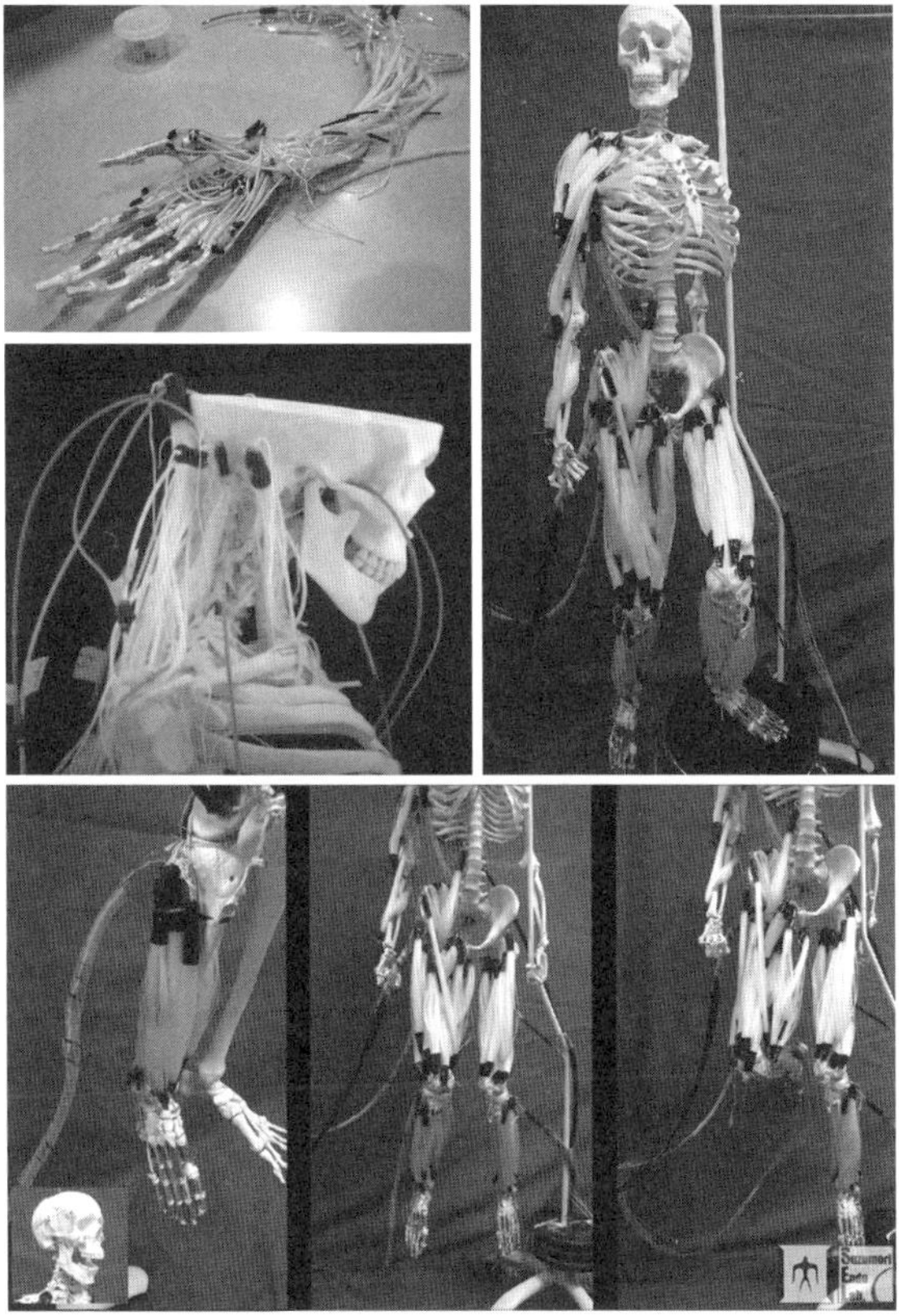

図3－14　細径人工筋肉で動く「ガイコツ君」

もう少し具体的に見てみましょう。

たとえば、歩行時において、足裏が床へなじみながら接触してゆく過程を考えてみましょう。ガイコツ君は、自分で身体をバランスさせる機能は持っていないので自立歩行はできませんが、倒れないように身体を少し支えてやると自分の脚の力で歩きます。持ち上げた状態からだんだん足を下ろしてゆくと、まず足の一部が地面に接し、次に足裏はだんだん床と平行になり、ついにはつま先と踵《かかと》がともに床に接する状態になります。この状態からさらに足を踏み込んでゆくと、今度は足首が前に曲がりだします。

このような一連の動作、すなわち、足の位置と角度を時間経過とともになめらかに駆動してゆくには、股、膝、足首の三つの関節角度を床の位置や角度に合わせてうまく制御する必要があります。従来のロボット工学では三つの関節の角度を刻々と計算で求めて制御するのですが、ガイコツ君はそんな難しい計算はやりません。三つの関節が互いに力学的に干渉して動作することで、人間が歩行する際とよく似た一連の動きが自然に実現できるのです。床面の高さや傾斜が多少変わっても、それに応じて一連の脚動作が生成されます。これは床面に対する脚の形状適応と言えます。

「劣駆動」による形状適応性についてはすでに本章一節でお話ししましたが、ガイコツ君では、「劣駆動」とは別のしくみが働いています。「劣駆動」とは、「アクチュエータの数」が「機構の自由度数」よりも少ない状態ですが、ガイコツ君の身体では逆なのです。

人間の脚は一脚あたり六〜七の自由度を持っています。六〜七と幅があるのは面白い点です。人間の身体はロボットほど明確な回転軸のみから構成されるわけではないので、少々あいまいなところがあります。たとえば、膝関節は通常は曲がり動作しかしないので1自由度に見えるかもしれませんが、膝を直角に曲げた状態では脛部にねじり動作が出現します。姿勢によって現れる自由度もあるのです。人間の身体は従来の回転関節で組み合わされたロボットほど単純ではありません。

ちょっと話がそれました。元に戻します。とりあえず7自由度として話を進めましょう。

7自由度の機構を動かすには、通常はそれと同じ数のアクチュエータを使います。ところが、ガイコツ君（人間も同じです）の一本の脚は約四〇個の筋肉で動かされています（足の指を動かす筋肉は数に入れていません。これらを入れるとさらに増えます）。もともと筋肉は収縮方向にしか力を発生しないので、一つの関節を両方向に動かすのには二本の筋肉がいるのですが、それを考慮しても7自由度を制御するなら一四個の筋肉で十分なはずです。四〇個は多すぎます。従来のロボット工学の視点で見れば、人間の脚の駆動系は、必要以上に多くの筋肉を搭載した過剰設計（誤った設計）と言えます。

「劣駆動」とは逆に、機構の自由度よりもアクチュエータの数が多いこのような駆動は、「冗長駆動」と呼びます。

股関節と膝関節を例にとって説明します。ガイコツ君の股関節と膝関節には、それぞれの関節を駆動する筋肉がついています。理屈上は、これらの筋肉だけで二つの関節の動きは脳の指令どおり操れます。しかしガイコツ君の脚には、これらとは別に、二つの関節に同時に作用する二関節筋と呼ばれる筋肉が存在します。腰と脛を結ぶ筋肉で、股と膝の両関節に同時に働きかけます。

幾何学的には過剰な拘束です。つまり、二つの関節の角度がすでに決まっているところに二関節筋がやってきて、股関節と膝関節間の新たな関係条件を主張しだすようなものです。股関節を駆動する筋肉・膝関節を駆動する筋肉・二関節筋の三つの筋肉の長さが、幾何学的な計算どおりぴったりになる必要があります。実際には、誤差などによって少しでも筋肉の長さが異なると幾何学的に成り立たず、互いの筋肉が互いを打ち消しあうように働いたり、骨、関節、筋肉のどこかに無理な力やひずみが働きます。

これを防いでいるのが、筋肉のやわらかさです。三つの筋肉が一歩も譲らずそれぞれの長さを主張すると成り立たなくなってしまいますが、筋肉がやわらかさを持つと、三つの筋肉が少しずつ妥協して（制御コンピュータが指示した本来の長さから少しずつ伸び縮みして）、ちょうど良いかげんのところで関節の動きが決まります。筋肉が〝互いに譲りあう〟やわらかさを持っているからこそ、われわれの身体はなめらかに動くのです。

もう一つ、筋肉がやわらかさを持つからこそ、生き物の骨格系を駆動できるという例を紹介します。

生き物の身体は、たしかに、高機能な構造体であることは間違いないのですが、一方で従来の精密機械工学から〝精度〟という視点で見ると、じつはずいぶんいいかげんな機械でもあります。従来のロボットの関節はベアリング（軸受け）という部品で支えられています。新幹線の車軸など回転部品を精度よく支える部品です。非常に精密に作られており、回転に伴う回転軸の触れまわり誤差は、数センチメートルサイズのベアリングの場合、数十マイクロメートル以下です。従来のロボットの関節はそのような精度で回転しているのです。

一方、人間の関節では、関節を構成する二つの骨の端部が、軟骨や椎間板などの柔軟な組織を挟んで接触しながら動きます。数十マイクロメートルというレベルの回転精度はありません。たとえば膝関節は、大腿骨と腓骨の頭が接しながら転がるように動くので、じつは回転運動の中心軸は大きくふらつくのです。

生き物の身体のように、機械的な精度が悪い機構を駆動するには、誤差や回転軸のふらつきを許容するやわらかなアクチュエータが必要です。高精度の機械の駆動を目的とした従来の精密モータで駆動するのは困難です。

じつは私は、生き物の骨格機構が持つふらつきこそが、生き物らしい動きを生み出しているのではないか、と思っています。人型ロボットが首を回して振り返るとき、ベアリングに支えられた一寸の狂いもない正確な首の回転は、それを見る人にいかにも機械的な印象を与え、人間らしさを感じさせない原因の一つになっていると考えています。ふらつきやあいまいさを持つ骨格機構こそが、生き物らしい動きを創り出すポイントであり、やわらかさを持つアクチュエータだからこそ、そのような骨格機構を駆動できるのだと私は考えています。

四　パワーソフトロボット

ソフトロボットに関してしばしば耳にする一つの誤解があります。「ソフトロボットは力が出ない。だから安全」という考えです。

そうではないと思います。そもそも、力の出ないロボットでは用途が限られてしまいます。そんなロボットしか作れないソフトロボット学なんて大して役に立ちそうもなく、私は興味を持てません。

「パワー」と「ソフト」は一見、相反する特性のように見えるかもしれません。小さな力で変形するものを通常、「ソフト」と言うからです。しかし、ソフトロボットにおいて「ソフト」が

図3－15　「パワー」と「ソフト」は独立した概念。©Alamy/PPS通信社

意味する本質はそこではありません。「しなやかに相手の形状に適応して変形する」ととらえるべきだと私は考えています。

たとえば、象の鼻はしなやかに曲がりますが重量物も持ち上げられます。キリンは首をぶつけ合い激しい闘争をしますが、そのときの大きな衝突エネルギーは互いの首がしなって吸収します（図3－15）。ヘビは自分よりも大きな動物に巻きついて絞め殺します。必要に応じて、「パワー」と「ソフト」は両立できるのです。「パワー」と「ソフト」は独立した別の概念ととらえるべきです。

そう考えて私はいま、「パワーソフトロボティクス」と呼んで、力としなやかさを兼ね備えたソフトロボットの研究の重要性を提唱しています。

心優しい力持ちの実現

古い小説に、「タフでなければ生きていけない。優しくなければ生きている資格がない」という有名なフレーズがあります。(18) 心優しい力持ちは、誰もが憧れる理想の人間像の一つですが、ロボットにも当てはまります。たとえば、災害時に力強く瓦礫《がれき》を撤去し、優しく人々を助けてくれる、そんな「パワー」と「ソフト」を兼ね備えた、心優しい力持ちロボットは、ソフトロボット学がめざす究極の目標像の一つです。

いま私が進めているパワーソフトロボット研究のキーとなるアクチュエータは、油圧のマッキベン型人工筋肉です。マッキベン型人工筋肉についてはすでにお話ししましたが、通常は数気圧（三～四気圧程度）の圧縮空気で動かします。私たちが開発している油圧マッキベン型人工筋肉は、空気の代わりに油を用いることで空圧の約一二～一七倍の流体圧力で動かしています。するとと発生力も空圧マッキベン型人工筋肉の一二～一七倍になります。たとえば、外径一五ミリメートルの人工筋肉で、最大約七〇〇キログラム重の収縮力が発生します。

理論上は、空気の圧力もそこまで上げれば同じ力を出せるのですが、実際にはそのような高い圧力の空気は危なくて使えません。空気は圧縮性があるので爆発する危険性があり、法律でも使える圧力に規制がかかっています。

高圧の油で人工筋肉を動かすには、十分な強度と耐油性があって、かつ、大きく変形するゴムの開発が重要な技術課題になります。一般にゴム材料は油に長時間触れると膨潤して変質することが多いので、新たな材料開発が必要です。そこで私たちはゴムの専門メーカと協力して開発を進めています。

この油圧マッキベン型人工筋肉をどのように使うと、パワーとしなやかさを両立するパワーソフトロボットが実現できるのでしょうか。そのヒントは、自然界にありました。

ゾウの鼻に学ぶパワーソフトロボットアーム

私たちが最初に注目したのはゾウの鼻です。ゾウの鼻には骨がありません。筋肉の塊でできています。やわらかい筋肉構造だけで大きな力を出すヒントがゾウの鼻にはあるはずです。

ロボットアームやゾウの鼻のような長い構造体の先端に力を加えるとき、どのように変形し、どのような反力が生まれるか、そういった問題は「材料力学」で扱われます。材料力学は、工学、とくに機械工学を専攻する学生にとってもっとも基礎的な学問の一つです。

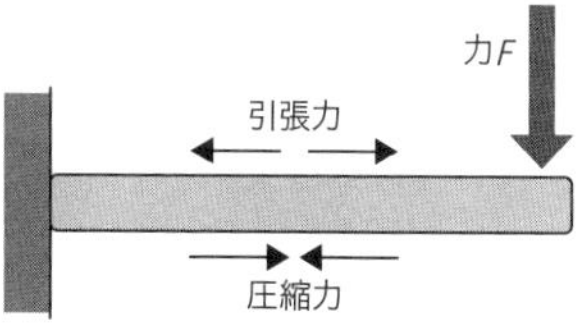

図3－16　長い構造物の力学。先端にかかる力Fによって、上部には引張力が、下部には圧縮力が働く

細長い構造体（梁《はり》と呼びます）の一端を固定して水平に保ち、他端に下向きに力を加えると、梁の各部には曲げモーメント（湾曲力）が発生します（**図3－16**）。この曲げモーメントによって、梁の上部には引張力が、梁の下部には圧縮力が発生します。大きな力を出すアームを実現するポイントは、圧縮力を支える部分と引張

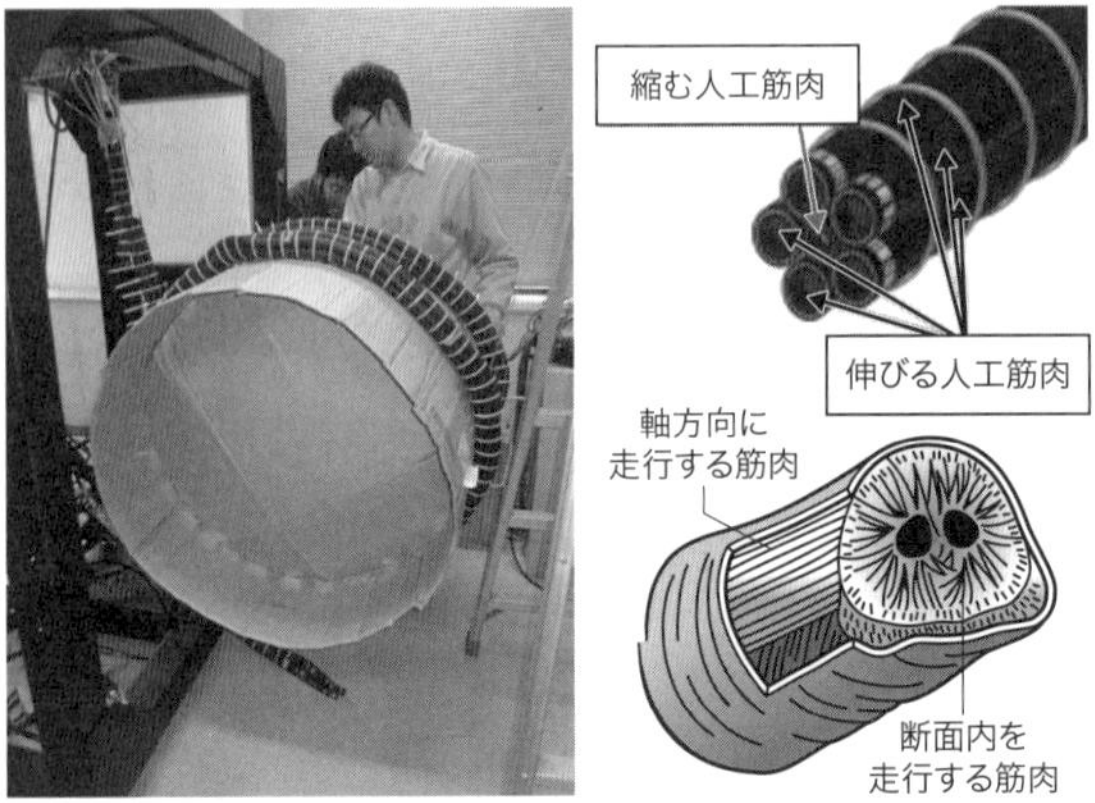

図3－17　象の鼻型パワーソフトロボット（左）とその構造（右上）。アイディアの基になった象の鼻の筋肉走行（右下）

力を支える部分、この両方がアーム断面に存在することなのです。

そういう視点でゾウの鼻を見てみましょう（**図3－17**右下）。もともと筋肉は引張力しか出せません。伸びる力を出そうとしても、筋肉自体がぐにゃっと曲がり（座屈と呼びます）押すことができないからです。

ゾウの鼻は、長手方向に走行する筋肉と、断面において径方向に走行する短い筋肉群から成り立っています。長手方向の筋肉が引張力を発生し、断面内に配置された筋肉群が、鼻を伸ばす方向の力を発生します。径方向に配置された筋肉群が収縮すると、それによって径方向に押しつぶされた肉や筋肉が鼻の長手方向に押し出され、長手方向の伸長力を発生するのです。

材料力学の視点から推定されるとおり、象の鼻においては、圧縮力と引張力を支える二つの部分が断面内に共存しているのです。

これに基づいて私たちは全長七メートルのロボットアームを試作しました[19]（図3－17左）。対象物に巻きついて把持することができます。同図右上にその断面構造を示すように、中央に置かれた一本の収縮人工筋肉とその周りに配置された五本の伸長人工筋肉から構成されます。中央の人工筋肉は加圧すると縮みます。それによってアーム断面に発生する引張力を支えます。周囲の五本の人工筋肉は加圧すると伸長します。それによって圧縮力を受け持ちます。六本の人工筋肉は一つに束ねられているので座屈することはありません。

説明が遅れましたが、マッキベン型人工筋肉は、編組の編組角θ（図3－6）を五五度よりも小さくすると、内部の流体圧をかけることで収縮動作をする人工筋肉に、編組角θをそれよりも大きくすると加圧により伸長動作を行う人工筋肉となります。図3－17左のロボットにはこの原理を応用して作った二種類の人工筋肉が使われています。

キリンの首に学ぶパワーソフトロボットアーム

ソフトロボットの研究活動を進める中で、郡司芽久先生（東洋大学）と出会いました。キリンの解剖学者です[20]。本節の冒頭で述べた、キリンが首をぶつけあう闘争行動（ネッキング）も郡司先生から教えていただきました。

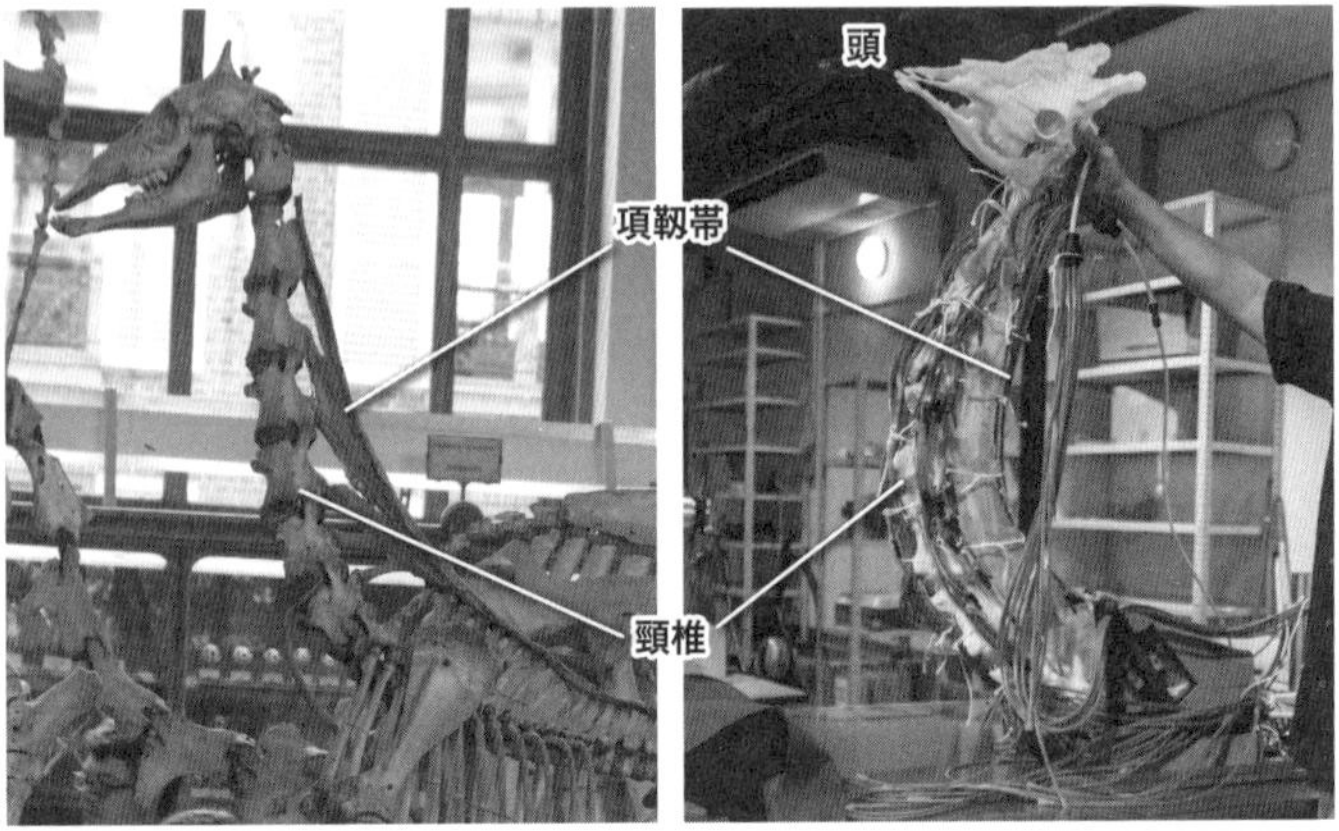

図3－18　解剖知見に基づいたキリン首型ロボット。左：キリンの頸椎と項靭帯（郡司芽久氏撮影：パリ自然史博物館）、右：キリン首型ロボット

平均的なキリンの首は、長さ二メートル、重さは頭部も含めて一五〇キログラム程度あるそうです。このような巨大な構造体を激しくぶつけ合うとその衝撃は大変なものです。もし、鉄骨でできたクレーンが同じようなネッキングを行ったら、取り返しのつかない損傷を互いに与えてしまいますが、キリンのネッキングでは、衝突エネルギーを首がしなやかに変形することで吸収しているように見えます。

郡司さんにキリンの解剖を見せていただいたことがあります。

一五〇キログラムもの重量を支える構造のヒントの一つは、キリンの首の後ろ側に発達した靭帯《じんたい》にあります（図3－18左）。靭帯とはコラーゲン繊維からできており、筋肉のように自ら動くことはありませんが、骨と骨を結びつける作用をしています。

キリンの首では、首の後ろ側の靱帯（項靱帯）がバネの役目を果たし、首の重力を支えています。キリンが立った状態では、首にかかる重力と項靱帯のバネ力がバランスするので、筋肉をあまり使わなくても首の姿勢が保てるのです。言われてみれば、ただまっすぐ立っているだけで筋肉の力を使うのはエネルギー効率の点でもよくありません。大きな荷重を支える秘密の一つは靱帯にあるのです。

キリンが死んで横に倒れてしまうと、それまでバランスしていた首にかかる重力がなくなってしまい、項靱帯のバネ力によってキリンの首は後ろ向きにのけぞってしまいます。キリンに限らず首の長い古代動物の化石が後ろにのけぞった形で発見されるのも同じ理由のようです。

図3－18右は、キリンの解剖に基づいて作ったキリン首型ロボットです。実際のキリンの二分の一の大きさですが、細径人工筋肉を使ってできるだけ真似た筋骨格構造を作っています[21]。

キリンの首は象の鼻と違って、骨格と筋肉を組み合わせた駆動機構になっています。骨格がある構造では、圧縮力は骨で受け、引張力を長手方向に配置された筋肉が持つことになります。そのような観点から実際のキリンの筋配置を真似ています。骨の形状や骨間の椎間板も真似て作っています。

バレリーナの美しい動きは、従来の硬いロボットがもっとも苦手とするものでした。俗に言うカクカクと動く「ロボットダンス」はバレリーナとは真逆のものです。

美しい動きや適応性のあるしなやかな動きは従来のロボットと、生き物の間に見られる大きな違いの一つです。ソフトロボット学はそのギャップを埋める可能性を持っています。

※　※　※

次章では、しなやかな身体と動きを支える「知能」についてお話ししましょう。

第四章

しなやかな知能
——やわらかな〝もの〟には知能が宿る

従来のロボット制御は緻密な考え方に基づいて行われました。ロボットの特性を数式で表し、それに基づいて制御アルゴリズムが理論的に設計されました。これに対し、ソフトロボットは理論的な扱いが非常に難しいロボットです。近似や誤差を許容する新しい考え方が必要です。

一方、情報科学の分野からソフトロボット学に参入する研究者の中には、情報処理を行う装置（ツール）としてソフトロボットを見ている人がいます。ソフトロボットの身体自体が「情報処理」の能力を秘めているというのです。

孔子は「學則不固（学ぶことによって考え方や行動が柔らかくなる）」と言いましたが、彼らは、「やわらかいものには知能が宿る」と捉えているのです。

一　よくわからないものを制御する

完全に記述できる硬いロボット・難しすぎるソフトロボット

従来のロボットは、硬く変形しない構造体（工学では剛体リンクと呼びます）が関節で連結された構成を持ちます。各構造体の質量、寸法、重心位置は明確であり、ロボットの動きは微分方程式で完全に記述することができました。各モータをどのように動かすとロボット全体はどのように動くのか、実際にロボットを動かすまでもなく、（摩擦など一部の不安定な物理現象の影響を除けば）コンピュータ上で完全にシミュレーションすることができます。

たとえば、平面内で動くロボットアームを考えてみましょう（図4－1上）。各腕の長さがわかっているので、ロボットアーム先端の位置 x、y と、各関節の角度 θ_1、θ_2 の関係は、幾何学的に完全に決まります。速度や力に関しても、このロボットアームにかかわる現象はすべてほぼ完全にわかります。たとえば、アーム先端の速度と各関節の回転速度の関係、アーム先端にかかる力とそれを支えるために必要な各関節の力の関係も理論的に計算できます。

従来のロボットの動きは幾何学と力学によって決まり、摩擦や製造誤差などを除けば、不明瞭さが入り込む余地はほぼありません。このため従来のロボット工学では、ハードウェアも制御アルゴリズムもすべて理論的に設計してきたのです。

　ですので、「ロボット研究はコンピュータのシミュレーションだけやればよい。実際にロボットをつくるのは費用がかかるばかりで、本質的意義などない」という極論を言う研究マネージャがいて困っている、という話を研究者仲間から聞いたことさえあります。実際のロボット開発では、細部の設計、コスト、加工法など、現実的な技術課題を解決しなくてはなりません。また、試作したロボットの実世界への適用評価とそれに基づく改良プロセス自体がロボット工学における重要な研究の一部です。ですから、上記マネージャの発言は暴言です。しかし、従来のロボットの特性の多くの部分は、ロジックの積み重ねで理論的にシミュレートできる、という点では確かに頷《うなず》ける面もあります。

　これとは対照的に、ソフトロボットはあいまいさやわからない要因を多く含むロボットです。

　図4-1下はFMA（第三章二節）を二つ連結したロボットアームです。先端には二つ爪のグリッパがついています。二つのFMAにそれぞれ圧縮空気を送り込んで駆動すること

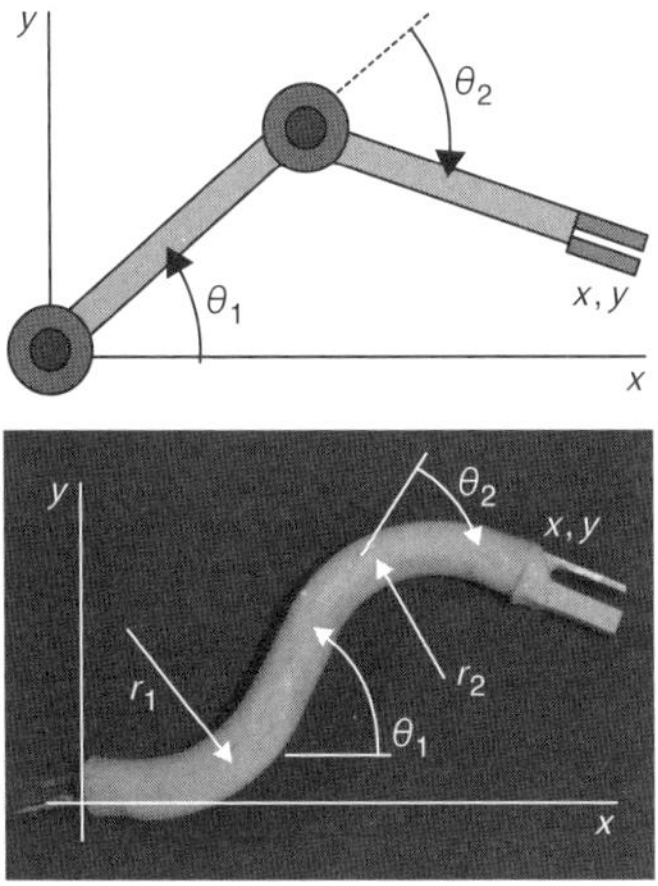

図4-1　モデル化できる硬いロボット（上）と難しいソフトロボット（下）

で、先端の位置x、yを自由にコントロールできます。

ただし、その動きや力の働き方を理論的に扱うことは容易ではありません。まず、FMAの動きを表現するのに、どのようなパラメータを使ったらよいのかよくわかりません。通常は、円弧状に変形すると近似して、その半径と湾曲角（図4－1の例ではFMAが二つあるので、それぞれr_1、r_2、θ_1、θ_2）で表現しますが、そもそも正確に円弧で曲がるとは限りません。外部から力がかかると円弧とはずいぶん違う形になります。また、ゴムの硬さは温度によっても、経年劣化によっても大きく変わってしまうので、FMAにかける空気圧を正確に制御しても、いつも同じように動作するとは限りません。

よくわからないままに動かす

そこでソフトロボット学では、程度の問題はあるにせよ、「特性がよくわからないまま動かす」ことが行われます。確実なロジックを積み重ねて制御アルゴリズムをつくってきた従来のロボット制御工学では受け入れ難いアプローチかもしれません。

従来の硬いロボット（図4－1上）では通常、制御コンピュータが手先の目標位置x、yから各関節の角度θ_1、θ_2を計算し、これを各関節のモータに指令します。各関節が指令どおり動けばロボットの手先は目標位置に行くのです。これは幾何学的な問題ですから、ロボットのアームが撓まない限り、ロボットの手先は正確に目標位置に達します。

ソフトロボットではそう簡単にはいきません。**図4-1**下のロボットの先端位置を制御する場合、手先の目標位置x、yから各FMAにかけるべき空気圧を求めるのが難しいのです。ロボットにかかる力や温度によって、空気圧とFMAの変形の関係は簡単に変わってしまうからです。おおよその値は計算できますが、正確な位置制御をするには、「やりながら調整する」しかありません。

FMAを学会で発表した当初、位置決め精度はどのくらいか、どのように位置決め精度を上げるのか、という質問をよく受けました。ソフトロボットに精度を求めること自体、ソフトロボットの特徴を生かした使い方ではない、というのが私の持論です。しかしあまりにも質問が多いので、先端の位置x、yを画像センサで求め、それをモニタしながら空気圧を調整するという実験を行いました。これは非常にうまく動きました（が、上記の理由で私の気に入った研究成果ではありません）。

この制御の特徴は、結果（先端の位置）さえよければOKという考えに基づいていることです。途中でFMAがどのように変形しているかはどうでもいいのです。

似たような傾向は近年の人工知能においても見られます。ニューラルネットワークは、多数のニューロン（ノード）とこれらを結合するシナプスから構成されます。各ニューロンとシナプスが持つ情報を組み合わせることで有用な情報が導き出せるのですが、個々のニューロンやシナプスの情報がどのような意味を持っているのかは、じつはニューラルネットワークの設計者にもわかっていません。各部の詳細な動きや意味はよくわからないまま動かしているのですが、適切な結果はしっかりと得られるのです。

結果さえよければその途中は関与しない（というかわからない）というのは、ソフトロボットとニューラルネットワークで共通するところがあります。そしてこの両者は、ロジックの積み重ねで作られてきた従来のロボット工学や情報工学とは対照的です。ソフトロボット学とニューラルネットワークは相性の良い〝似た者どうし〟と私には思えます。

歌うソフトロボット

図4－2は澤田秀之先生（早稲田大学）が作られた「発話ロボット」です[1]。一見、不気味な（失礼！）外見が目を惹《ひ》きますが、ソフトロボット学の視点から大変面白いロボットです。

人間の声は声帯で作られた空気の単純な振動が、声道（のどから唇まで）で共鳴し、さまざまな周波数の振動が励起されることで種々の音色を持った声になります。声道の形を変えれば共振の状態が変わって、いろいろな音色（つまり「あ、い」とか「か、き」とか）が作れます。澤田先生はこれを喉ロボットにやらせたのです。

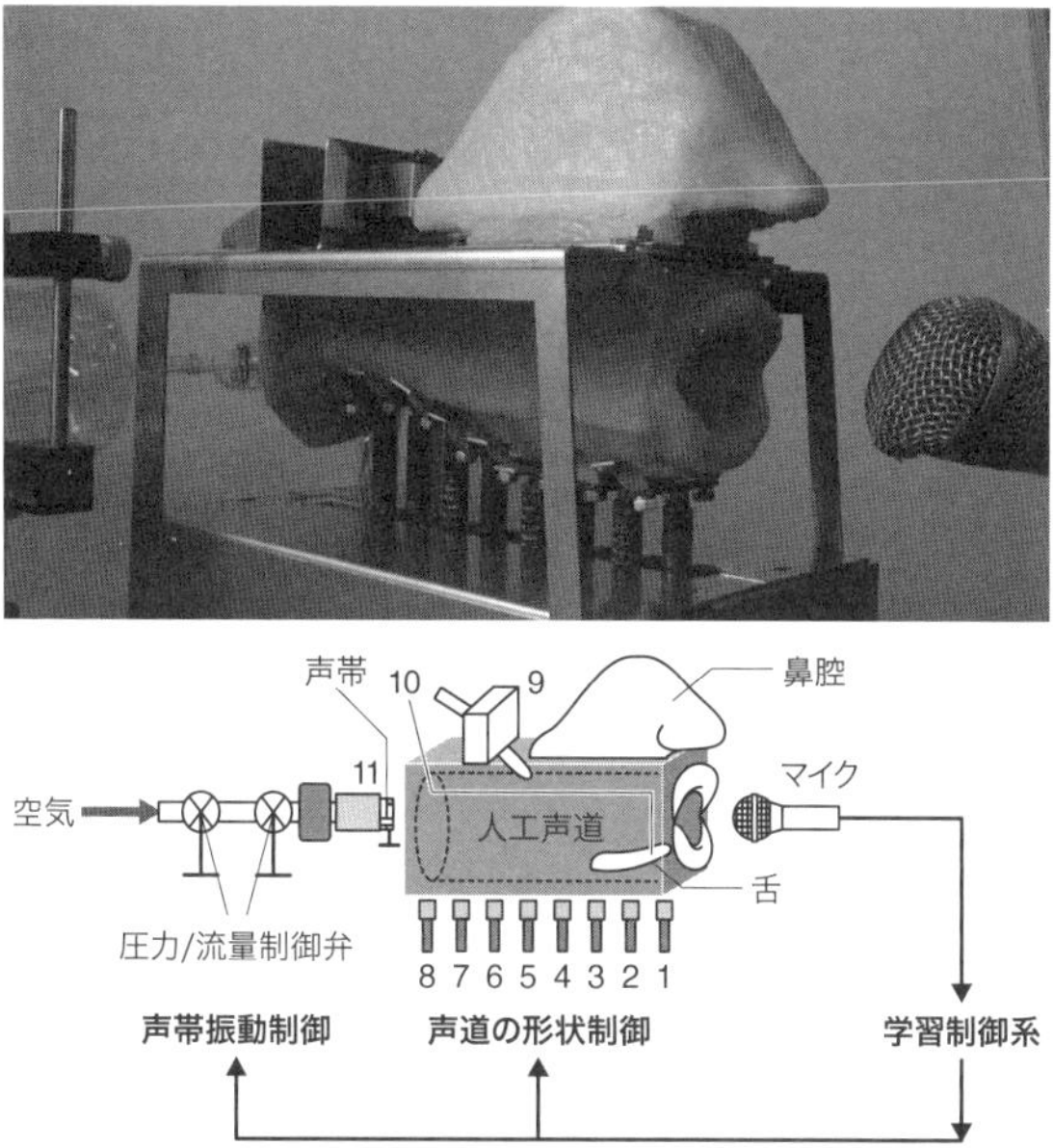

図 4－2　歌うロボット！　上：澤田秀之氏提供、下：構成図（澤田氏の資料を改変）

このロボットは、シリコーンゴム製の共鳴チューブ（人工声道）と、人工声帯から構成されます。人工声道は八つのモータによって形が変えられます。人工声帯に空気を送り込むと声帯が振動し、「ブー」という音が出ます。その音程（周波数）はバルブによる声帯への送気量や声帯形状の調整によって変えられます。「ブー」という音は、声道の形や舌の位置を変えることによって、あいうえおかきくけこ、といった声に変わります。鼻は外見上もインパクトがあるのですが、じつは声を出すうえで鼻腔の役割はとても重要なのだそうです。鼻腔へつながる通路もモータによって開閉されます。

ぜひ動画を見ていただければと思います［▶4-1］。「かごめかごめ」と歌っています！

面白いのは、声道の形の作り方をロボット自身が学習していることです。ロボットの口の前にはマイクが置いてあり、これをロボットの制御装置にフィードバックすることにより、目標となる声が得られるように声道の形をロボット自身が調整してゆくのです。

人間も自分の声を聞くことによって、声道の形を変えて発声を調整しています。幼児期には、自分の声を聴くことによって声道の制御の仕方を学習しますが、これと同じことをこの発話ロボットで行わせたのです。ニューラルネットワークを用いた機械学習を用いることで、「あ」という発音をする際には、自分の発した声を聞きながら、「あ」に近づくように八つのモータの動きを少しずつ変えて声道の形を最適化するのです。

このやり方は、従来の工学の典型的なやり方とは正反対です。従来は、ロボットの設計段階で、音響解析によりそれぞれの発声に対応する声道の形ならびに舌の位置を求めておき、その形を実現するようにモータを動かす、というのが普通のやり方だからです。それに対して澤田先生が使った方法は、声道の音響特性はよくわからないまま制御を開始し、少しずつ制御系のパラメータを調整してゆくというやり方です。

ソフトロボットらしいやり方だと思います。一つは「よくわからないまま制御する」という点です。声道が硬い部材からできている場合は、形状も音響反射特性も安定しているので正確な解析や設計がやりやすいのですが、ゴムチューブの場合、細かな声道形状はよくわかりませんし、ゴムの張力などによって音響特性も変わります。従来のロジックを組み立てて進める設計法がとりにくいのです。もう一つは適応性です。ゴムは比較的劣化しやすいので、特性の変化や場合によっては新品と交換することもあります。交換した新しい部品は、元の部品とは微妙に特性が異なる場合もゴム製品ではしばしばあります。そういったときにこのニューラルネットワークが動いていると自動的に修正し、部品特性のバラツキへ適応が進むのです。

大腸ロボット

中村太郎先生（中央大学）は、ミミズやカタツムリなどやわらかい生物をお手本にした、さまざまな面白いロボットを開発しています。(2) **図4-3**はその一つで、人の大腸の動きを真似た「ぜん動運動ポンプ」です。円筒形をしており壁面が空気圧人工筋肉でできています。人工筋肉が収縮・弛緩《しかん》を規則的に繰り返すことにより、円筒内の内容物を混合したり、搬送したりすることができます。液体のみならず、通常のポンプでは取り扱いの難しい、固体と液体の混合物や、粉体、パンケーキ材料のような粘性が高いものでも搬送が可能で、化学工場や食品工場などさまざまな分野での応用が期待されています。

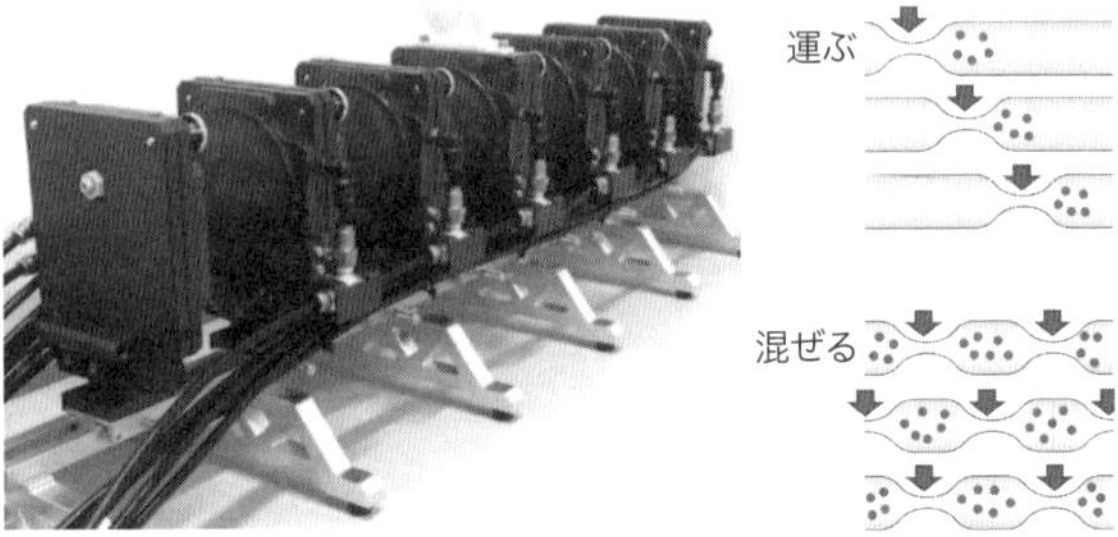

図4－3　大腸ロボット（ポンプ）。中村太郎氏提供

その一つはロケット用固体燃料の攪拌《かくはん》と搬送です。中村先生らはＪＡＸＡ宇宙科学研究所と協力してロケット用固体燃料の製造と運搬の新しいプロセスに取り組んでいます。固体ロケット燃料は液状ゴムと粉末状の酸化剤を混合して練り上げたのち、それを成形、固めて作られますが、この一連のプロセスを大腸ロボットで連続的に行おうというのです。

この大腸ロボットでは、筋肉の動かし方によって、内容物を大腸内で〝こねる〞動作と、一方向に搬送する動作の二つの動作モードが切り替えられます。材料がちょうどよくこねあがると、「搬送モード」に切り替えて外部に排出するのです［▶4-2］。

ここでもニューラルネットワークが活躍します。大腸の動き方から〝混合具合〞を推定し、ちょうどよくなったところで搬送モードに切り替える研究を、中村先生はいま情報科学の専門家である中嶋浩平先生（東京大学、後述）たちと共同で行っています。このような固体と液体が混ざったような半練状の材料は、一般に粘度や温度などによって混ざりやすさが大きく変わってきます。あら

▶4-2

かじめ決められた時間こねたら搬出、というやり方ではうまくいきません。厳密な特性がわからないまま動かして、状況を見ながら動かし方を変える〝適応性〟が求められるのです。

二　しなやかな身体が自ら決める〝動き方〟

前節で紹介した二つのロボットでは、ニューラルネットワークという、従来の硬いロボット制御の主流とは考え方の違うアルゴリズムが動いていますが、それを実行しているのは、通常の硬いシリコンチップでできたコンピュータです。通常のコンピュータで動かされている点では、従来のロボット制御と同じです。

ところが、〝やわらかい身体〟はそれ自身に情報処理の能力がある、とソフトロボット学の研究者は考えています。やわらかな身体は、それ自体で適切な動きのパターンを創り出し、自ら動く能力を備えていると見ているのです。

泳ぐマス

「死んだマスが泳ぐ」という有名な実験があります[3]。死んだマスを水流の中に置くと、あたかも生きているかのような動きをすることがあります［▶4-3］。水中で身体をくねらせて泳

▶4-3

ぐ姿は、ちょっと見ただけでは生きているマスと区別がつきません。

このマスは完全に死んでいます。脳や神経からの指令に従って泳いでいるわけではありません。水流やそれが作る渦と、マスの身体が力学的に干渉して自然に動いているのです。いわば水流中に置かれたやわらかな物体が水の中で〝漂う〟、単なる物理現象です。動画に見られる、意志を持っているかのような〝生き物らしい〟動きは、マスの脳や神経系ではなく、身体の物理的な特性によって創り出されているのです。

硬い材料でできた魚の模型を同じ水流に入れてもこのようには動きません。死んだマスの身体はやわらかいからこそ、水と干渉しながらさまざまな複雑な変形姿勢や動作パターンをとることが可能です。とりうるさまざまな動作パターンをとっているうちに、〝もっとも理にかなった〟運動パターンとして、動画に見られる〝生き物らしい〟動きに落ち着くのです。しなやかな身体に知能が宿っている、と思えてこないでしょうか？　ここでいう〝もっとも理にかなった〟の「理」がどんなものであるかを明らかにするのが、ソフトロボット学の一つの大きな目標です。

ハチドリの羽が支配する空気の渦

私は飛行機に乗るのが好きでいつも窓際席で子供のように外を眺めています。とくに、着陸

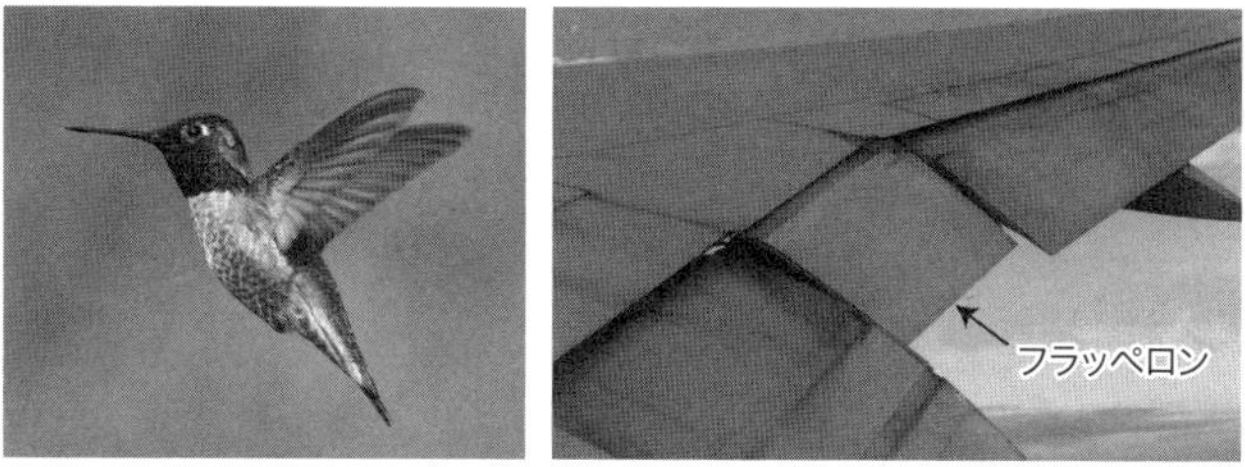

図4－4　ハチドリの翼（左）とフラッペロン（右）

間際に主翼の補助翼（フラッペロン、**図4－4**右）が小刻みに一生懸命動いて大きな機体の安定を支えているのを見ると、なんとけなげな働き者なんだろう、と、いつも知らぬ間に応援しちゃってます。こんなマニアックな搭乗客はいないだろうと思っていたのですが、あるとき、意外に同じところに感動している人がいるのを知ってびっくりしたことがあります。皆さんはどうですか？

すみません。話がそれました。このときフラッペロンは、機体の姿勢やパイロットの操作を基にコンピュータが算出した指示に従って動いています。これはまさしく従来のロボットと同じやり方です。

田中博人先生（東京工業大学）は、鳥の専門家である山崎剛史先生（山階鳥類研究所）や流体解析の専門家である中田敏是先生（千葉大学）と協力して、さまざまな生き物の翼を対象に、そのやわらかさに注目して研究を進めています[4]。いま、ハチドリ（**図4－4**左）に着目し、羽ばたき過程における翼の変形を解析し、それに基づいてハチドリロボットを試作しています。

ハチドリは体長数センチ、体重数グラムの非常に小さな鳥で、ホ

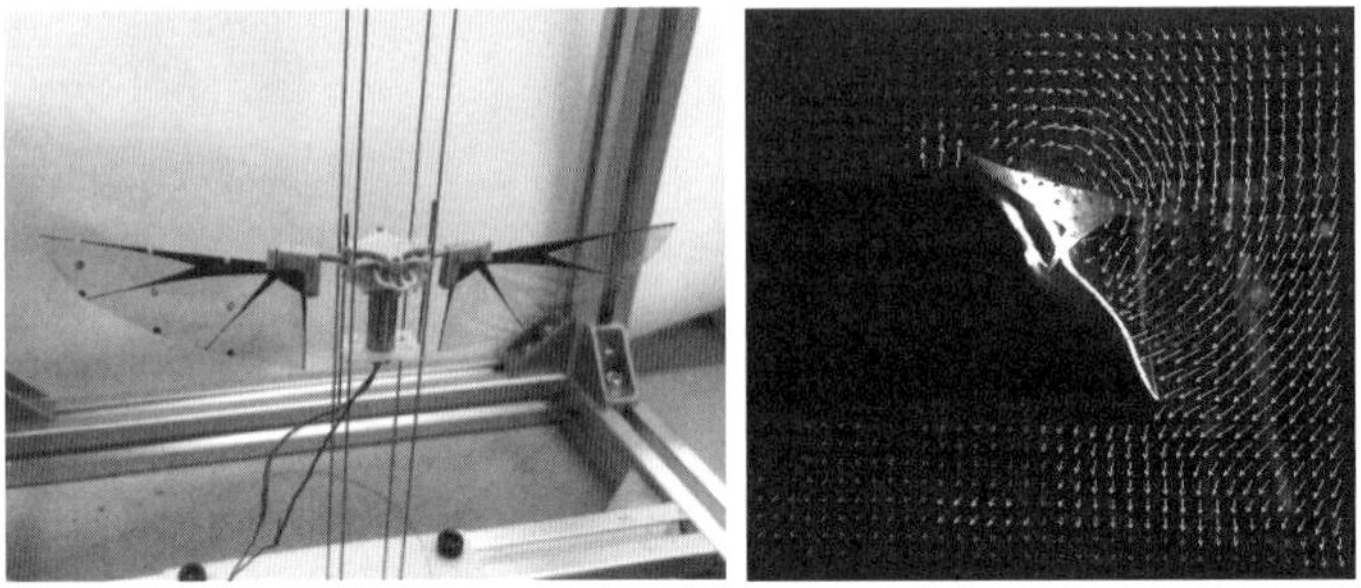

図4−5 ハチドリロボット（左）と翼周囲の空気の流れ（右）。田中博人氏提供

バリング（空中での停止飛行）ができるなど、高い飛行性能を持っています。ハチドリの翼は大きな揚力を得るために下げ降ろし時と打ち上げ時ではその形が変わります。ただし、そのしくみは飛行機の翼や従来のロボットでの動かし方とは対照的で、まさしく〝ソフトロボット流〟です。翼の細かな変形は脳からの指令ではなく、「泳ぐマス」と同じようにやわらかな翼と周囲の空気の流れとの相互作用により創り出されます。

田中先生は、山崎先生、中田先生らと協力して、死んだハチドリの翼のやわらかさ分布をくわしく計測し、その結果に基づいて、細い弾性軸と薄い樹脂フィルムを使って実際のハチドリの翼と同じやわらかさを持つ翼を製作しました（**図4−5**左）。

図4−5右は、試作した翼が作る空気の流れを実験で可視化したものです。図の白い部分が横から見た翼の断面で、翼が右から左へ動いているときの翼周辺の空気の流れを示して

います。下方へ打ち下ろす空気の流れで揚力を発生しているのですが、その空気の流れを見ると、翼が硬すぎてもやわらかすぎても十分な打ち下ろし流は得られず、実際のハチドリの翼の硬さに合わせて作ったもので大きな打ち下ろし流が発生しています。空気と翼の力学干渉により、適切な翼変形が実現されるのです。

弱いモータが創り出す歩容

歩行ロボットに話を移しましょう。

四本の脚で歩行する動物やロボットはたくさんありますが、四つの脚を動かす順序はなかなか複雑です。人間は脚が二本しかないので普通は左右の脚を交互に前に繰り出すしかありませんが、四本脚の動物やロボットの場合は、一脚ずつ順番に動かす方法（ウォークといいます）、対角にある前後二脚を同時に動かす方法（トロット）、左右同側にある前後二脚を同時に動かす方法（ペース）、馬が走るように四脚を別々に動かす方法（ギャロップ）など、さまざまな動かし方があります。脚を動かす順序とパターンを、ロボット工学では「歩容《ほよう》」と呼びます。

自然界の四脚動物たちは、自分の身体の特徴やそのときの状況（移動スピード、地面の状態）に応じて脚の歩容を切り替えます。彼らは、どのようにして適切な歩容を見つけ、切り替えているのでしょうか？

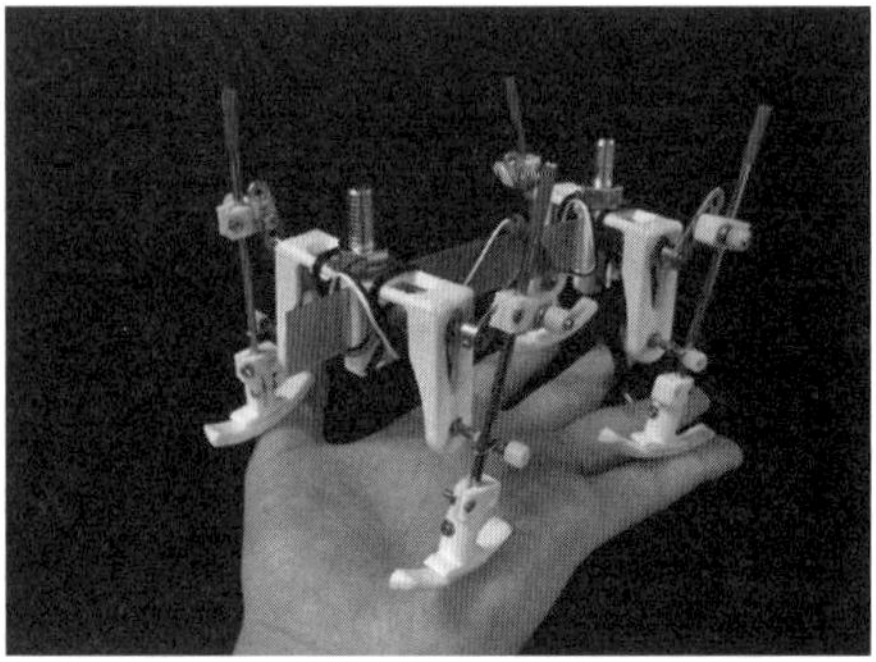

図4－6　「弱いモータ」によって駆動される「無脳ロボット」。増田容一氏提供

従来のロボット工学では、動物の脚の歩容をヒントにしつつも、最終的には設計者が歩容を決めます。コンピュータで、どのように動かしたら転倒せず、効率的に歩けるかを導き出して、そのパターンを各脚の動きとしてプログラムに書き込みます。一般に四脚ロボットを歩かせるのはじつは結構難しく、適当にプログラムを作るとちっとも前へ進まなかったり転倒したりして、そう簡単ではありません。ロボット研究者がややこしい数式やコンピュータを使ってようやく見いだす脚の動作パターンを、（失礼ながら）動物たちが大脳で一生懸命考えて決めているとは到底思えません。従来のロボット工学とはまったく違ったやり方で見いだしているはずです。

増田容一先生（大阪大学）らは、「無脳ロボット」と呼ぶ四脚ロボットを作って実験を行っています（**図4－6**）。このロボットはその名前が示すとおり、脳（＝コンピュータ）を持ちません。コンピュータが動作パターンを決め、脚はその指示に従って動くという従来のロボットとは、まったく異なるのです(5)。

四つの脚はそれぞれ「弱いモータ」で駆動されます。電圧をかけると「弱いモータ」は一定方向に回転を始め、それに応じて各脚の先端が動いて歩行を行います［▶4-4］。

四つのモータを動かすと、しばらく動いているうちに早く動くものや遅れて動くものが少しずつ出てきて、四つの脚の動きの間にずれ（位相差）が生じてきます。するとロボットは歩き出すのです。面白いのは、モータにかける電圧を変えるとモータ間の動きの位相差が変わり、いろいろな異なった歩き方を始める点です。

実験では、低い電圧をかけると動物がゆっくりと移動するときによく用いる「ウォーク」という歩容が出現し、電圧を上げていくと「トロット」や「ギャロップ」といった歩容が勝手に表れてきます。脳を持たないこのロボットでは、身体が自ら歩く歩容を創り出し、状況に応じて切り替えているのです。

この秘密は、「弱いモータ」にあります。

従来のロボットでは、サーボモータという、コンピュータの指令どおりに忠実に動くモータを使います（「サーボ」とは、指令どおりに忠実に動くということから、ラテン語のServus（英語のSlave：奴隷）からきています）。大きな負荷がかかっても、物理的に不可能な範囲でなければ、それら周囲の状況には影響されず指令どおり動く、言わば、「強いモータ」です。

一方、このロボットで使われている「弱いモータ」は、そもそも力が小さく、負荷をかける

▶4-4

と速度が落ちます。床に足がひっかかれば動かなくなりますし、外部から力をかけると指示とは逆方向に動いてしまうこともあります。

このロボットにはもう一つ〝弱さ〟があります。写真からもわかると思いますが、前側の二つの脚と後方の二つの脚は、やわらかい薄い板で連結されているのです。脚が地面から受ける反力によって胴体の形が変わってしまうのです。

増田先生は「弱い」と表現されていますが、本書の言葉を使えば、「やわらかいモータ／胴体」、あるいは「いいかげんなモータ／胴体」です。

この〝弱さ〟が状況に応じて歩容を切り替えて適応性を生み出します。ロボットが受ける外力や、各脚が床から受ける反力によって、各脚を動かすモータにはさまざまな負荷が加わります。従来のロボット工学で使われるサーボモータでは、負荷が変わってもその影響を受けずにコンピュータからの指令どおりに動きます。外界の影響を受けてロボットの動きが変わることはありません。これは、正確性・確実性をめざす従来のロボット工学の観点ではとてもよい特性です。しかし、「影響を受けない」ということは、すなわち、環境への適応性・順応性は生まれないということです。

「弱いモータ」は負荷によって動きが変わってしまいます。四つのモータの動きが互いに干渉しあうことで、状況に応じたさまざまな歩容が生まれるのです。

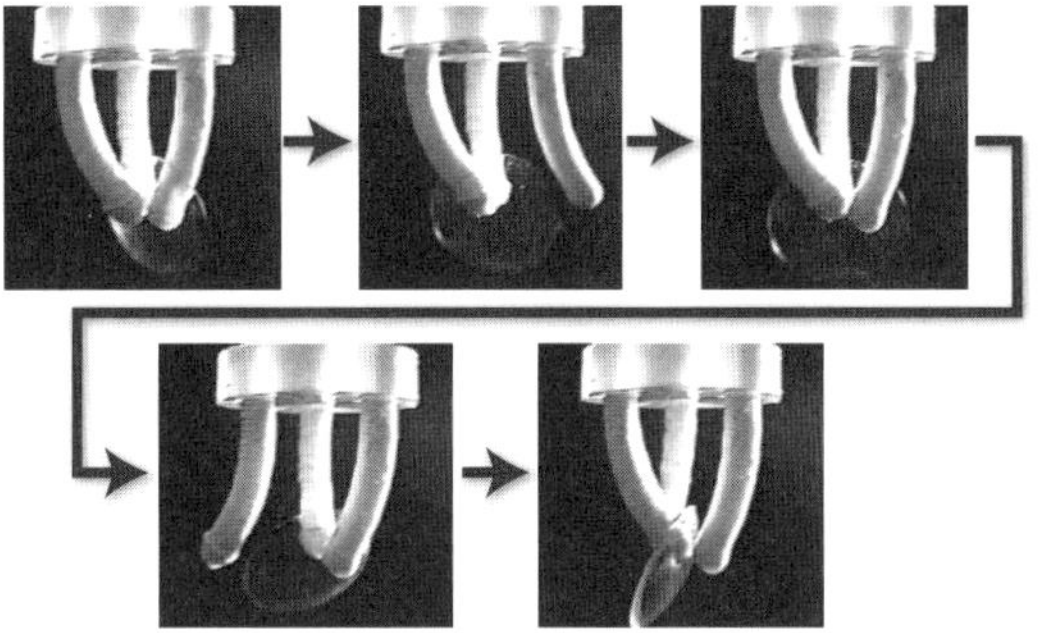

図４−７　FMAハンドによるコンタクトレンズのハンドリング

あとはよろしく、適当に

外径二ミリメートルの細いＦＭＡを三本使ってロボットハンドを作りました[6]。**図４−７**は手に持ったコンタクトレンズを指先で持ち替えながら回転させている様子です［▶**1−1**の後半］。実際にそのようなニーズがあるわけではないのですが、ソフトフィンガの持つ可能性を示すデモンストレーションとして行ったものです。

複雑な形状を持った壊れやすい物体のハンドリングは、従来のロボット工学ではもっとも難しい作業の一つです。まず、相手の形になじんで指の形を変えて適切な接触を保ちつつ、コンタクトレンズを回転させるために三つの指をうまく連携して動かさなくてはなりません。強く握りしめると相手を傷つけるので力の制御も必要です。

硬い部品を組み合わせて作る従来のロボット工学では、多数の関節を持った指を作り、相手の形と操作を考慮して各関節のモータを動かす、というのが、一般的なやり方です。力

▶1-1

制御を行うためには指に力センサを装着することも必要になり、ハードウェア、ソフトウェアとも大変複雑になります。

図4－7のハンドではセンサは何も使っていません。空気圧の制御にはオンオフのバルブを使って、圧縮空気をかける／かけない、0／1の非常にラフな制御を行っています。一つのFMAは三つの空気圧室を持つので、ハンド全体は九つのオンオフデータ（九ビットのデータ）で駆動されることになります。

九ビットの空圧のデータを順にハンドに送ることで、コンタクトレンズの回転デモンストレーションは、やっていた私も驚くほどに簡単に実現できます。データと言っても各指先の曲がる向きを順に切り替えるだけのシンプルな発想で作れるものです。細かなところは、指自身が相手の形状や位置に応じて調整してくれるのです。

従来のロボット工学の考え方は、制御コンピュータが関節の動きを計算し、それに従って各指が動く、という「トップダウンの制御方式」と言えると思います。これに対して、ソフトロボット学の考え方は、「現場への権限移譲方式」です。すべてを上位レベルのコンピュータが考えて現場（＝ソフトフィンガ）に指示するのではなく、おおよその動き方（本例では0／1の九ビットデータ）を指示するだけで、あとは現場で対応してください、という方式です。制御対象の形状や状況（ハンドの特性・動きや、コンタクトレンズの形や位置・向き）の把握と計算があまりに難しいのでトップでは処理できず、こうせざるを得ないのですが、それに応えて機能する現場（ソフトフィンガ）もなかなかの〝優れもの〟と私は思うのです。

三　分散する知能

タコは、人間の三歳児程度ともいわれる高い知能を持っています。研究材料としてタコを飼っている研究者の話によると、タコは飼い主などの複数の人間の顔を識別し、それぞれに対して好き嫌いの感情も持っているそうです。知能は「脳」で生まれていると思いがちですが、じつはタコの神経細胞五億個のうち六〇%は八本の足に存在しているそうです。タコの身体では、動きだけではなく知能も、身体に広く分布しているのです。ですので、タコの足は切り落とされてもしばらく動き続けるのです。

情報処理を分散させることによって、高度な情報処理・運動制御や、損傷時におけるリスク分散などが実現できます。タコのように身体に分散する情報処理・制御系によって身体の動きを制御するのが、多くのソフトロボットでめざしている一つの方向です。

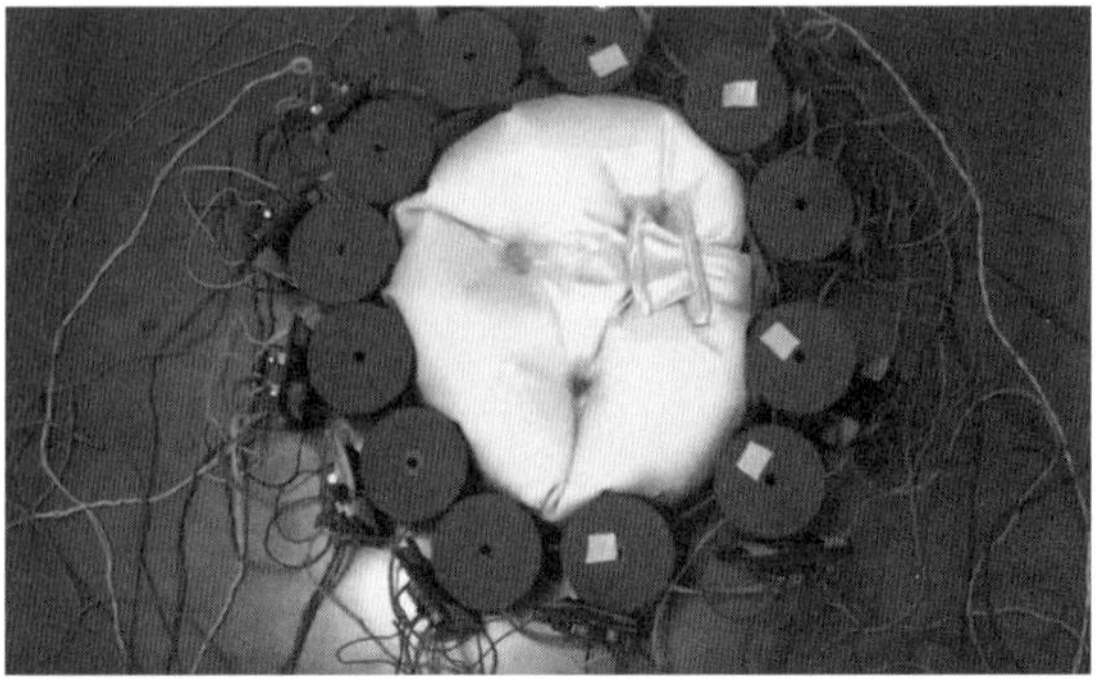

図4－8　アメーバ型ソフトロボット。梅舘拓也氏提供

アメーバ型ロボット

図4－8は梅舘拓也先生（信州大学）らがアメーバを模して作ったソフトロボットです[7]。

アメーバはさまざまな形状に身体を変えながら移動を行う単細胞の生き物です。やわらかい身体を持ちさまざまな形に変形しますが、脳も神経も持っていません。脳と神経によって動きがコントロールされるのではなく、細胞壁の周期的な収縮・弛緩運動が細胞内の物質の流動を引き起こし、細胞全体として統制された動きを実現します。細胞の各部分の動きが相互に影響しあい、同時に外界からの刺激からも影響を受けることで、状況に応じてさまざまに変化する波状の変形を引き起こします。たとえば餌などの誘引刺激があれば、餌に向かって「進行波」が生成され、餌に向かって移動します。「進行波」というのは、ちょうど海面の波のように波の山と谷の位置が水面に沿って移動する波のことです。ミミズやカタツムリの移動でもこの進行波を使っています。本章一節で紹介した「大腸ロボット」の搬送動作も進行波によるものです。サーファーが波に乗って海面を移動するのと似ています。

このアメーバ型ソフトロボットは、細胞内部の流動的な物質に見立てた中央の大きな風船と、細胞壁に見立てた一二個の円柱状の要素（本書では振動要素と呼びます）から構成されています（**図4－8**）。風船の側面の一部を押すと別の部分が横方向に膨らみます。隣りあう振動要素は互いにバネとそれを巻き取るモータ（各振動要素内に搭載されています）で連結され、隣りあう振動要素間に働く力を周期的に変化させています。

ワイヤではなくバネで連結してそれを巻き取るところがポイントです。ワイヤを使うと各要素の間の距離はモータの巻き取り量だけで確定的に決まってしまいますが、バネを使うとそこに働く力によっても振動要素間の距離は変わるからです。つまり外界の影響を受けて動きが変わる〝あいまいさ〟を与えるのです。各モータを動かしてバネの長さを周期的に伸縮させると、その動きは隣の振動要素や風船を介して別の振動要素と影響しあうのです。

このような状態で、一部のバネの巻き取りを緩くして、隣の振動要素との距離を長くしてみます。実際のアメーバでは、エサなどの誘因刺激を受けた箇所がやわらかくなることが知られており、それに相当する刺激です。はじめは、各振動要素はゴム風船を介して押し合いへし合いを行います。しかし、すべてのバネが同時に収縮すると互いに大きな力がかかってしまうの

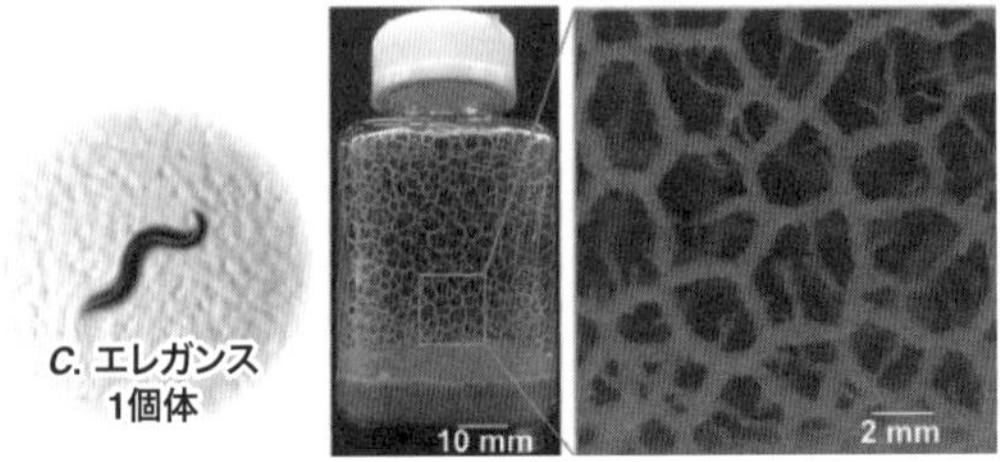

図4－9　C. エレガンスが創り出すパターンとリズム。伊藤浩史氏提供

で、この力を小さくするために各振動要素は収縮するタイミングを調整しだします。このようなしくみで最終的には進行波が形成され、誘因刺激を与えた方向に移動しだします。分散する〝動く要素〟が互いに影響しあい、一つの目的を達成する動きを自ら実現するのです［▶4-5］。

C・エレガンスが作るパターン

C・エレガンス（*C. elegans*）は、一ミリメートル程度の長さの線状の身体を持った生き物で、線虫の一種です。培養が容易で、ライフサイクルが短く分子遺伝学解析が容易なため、生物学の研究における実験対象として広く使われ、これを使ったノーベル賞受賞成果もたくさん出ています。

杉拓磨先生（広島大学）、伊藤浩史先生（九州大学）、永井健先生（元、北陸先端科学技術大学院大学）らは、ドッグフードをエサとして与えてC・エレガンスを大量、高密度に培養すると、**図4－9**に示すように、時間とともに変化する網目状のパターンを形成する［▶

▶4-5

4－6］ことを発見し、[8] そのパターン形成のしくみの解明に挑んでいます。

C・エレガンスは互いに連絡を取っているのではなく、それぞれがある一定のルールに基づいて行動しているだけですが、その結果このような時間、空間的に広がるパターンを形成するのです。

ソフトロボット学では、生き物自体を身体の材料に使うことがあります。このC・エレガンスも、情報処理とアクチュエータ機能を兼ね備えた、究極のソフトロボット用材料として使えると私は期待しています。

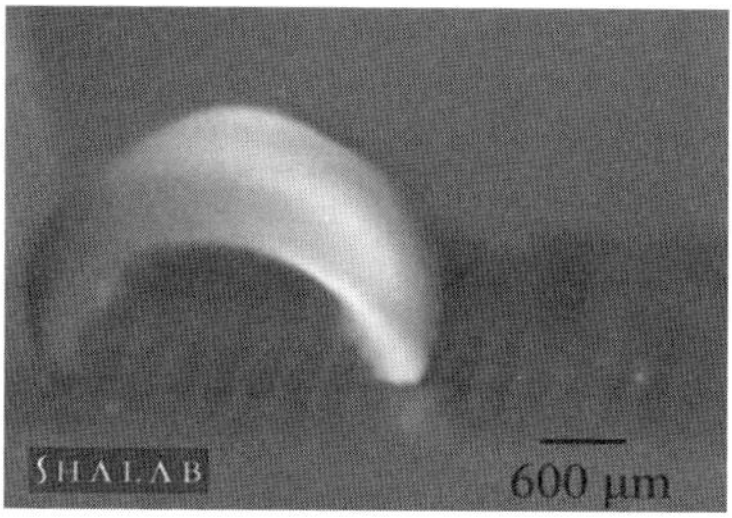

図4－10　化学反応の連鎖による自走ゲル。前田真吾氏提供

自走するゲル

さらにミクロのレベルで分散する知能に話を進めましょう。分子レベルで化学反応が分散的、連鎖的に進むことによって、身体と動きと知能が一体となって機能するソフト材料です。

図4－10は前田真吾先生（芝浦工業大学）が作った自走するゲルです。電子回路も特別なアクチュエータも何もないただのゲルの切れ端が尺取り虫のように自走するのです[9]［▶4－7］。電線もつながっていません。これはBZ反応という化学反応を利

▶4-6
▶4-7

用しています。

BZ反応（ベロウソフ・ジャボチンスキー反応）は、旧ソ連の科学者、ベロウソフとジャボチンスキーが発見した化学反応で、硫酸やクエン酸などの「酸」にある種の「金属イオン」を混ぜると、金属イオンが周期的に酸化還元反応を繰り返す反応です。ビーカの中で攪拌しながら酸と金属イオンを混合すると時間とともに周期的な色の変化を起こし、静置した状態に置くと興奮状態が伝播するように色の変化が周囲に伝わっていきます。見ていてわかりやすく一般向けの科学実験でもしばしば使われます。前田先生らが着目したのは、色の変化と同時に物理的な変化も生じる点です。

ゲルの内部に金属イオンを導入し、酸の溶液に浸してBZ反応を行わせると、ゲルの膨張と収縮が始まります。前田先生は円弧状に曲がったゲルの板を作り、厚み方向に組成の濃度勾配をつけました。このようにすると、化学反応の変化に伴って、表と裏で体積変化量の差が生まれ、大きな屈曲運動が得られるのです。

第三章二節で紹介したように、電気刺激によって動作する高分子アクチュエータはいろいろとありますが、いずれも信号を作り出す装置が別に必要です。適切な信号を作るにはセンサも必要です。このロボットは、動きが遅い、床にのこぎり状の加工が必要など、実用化にはまだ工夫や課題の解決が必要ですが、材料だけで自ら動作する点はいままでのロボット工学の考え方とはまったく異なります。

前田先生はこの原理を使ってポンプを作っています。心臓のように自律的に動くポンプや周期的に薬剤を放出するようなカプセルなど、周囲の化学エネルギーを使って自ら動く、やわらかいデバイスです。単なる〝物質の塊〟が、自律的に動作する新しい機械です。

四　身体にアウトソースする情報処理

連続体に潜む無限の情報

このように、ソフトロボットややわらかい物体は、それ自体で状況に応じて「適切な動きのパターンを自ら創り出す能力」を持っています。これは一種の〝情報処理能力〟と言えます。じつはさらにもっと積極的にソフトロボットの身体を、〝情報処理のツール〟ととらえて研究を進める研究者もいます。やわらかい物体はさまざまな変形や動きをするので、その中には非常に多くの情報が詰まっています。従来のロボットでは関節の数に対応した有限個の情報（たとえば、角度とか、その時間変化である速度、加速度とか、関節モーメントなど）しか現れませんが、ソフトロボットでは関節数が圧倒的に大きい（あるいは無限大）なので、圧倒的に多量の（あるいは無限の）情報が、ソフトロボットの中に存在していることになります（**図4-11**）。ソフトロボットが

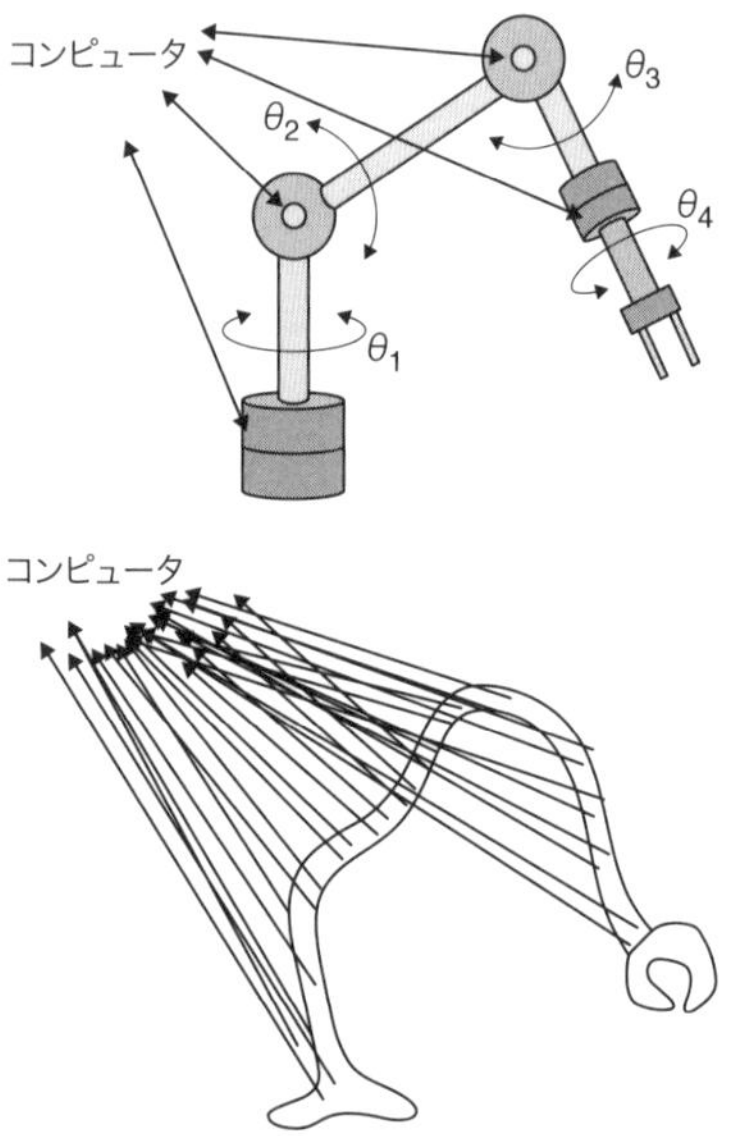

図 4−11　少ない情報量の従来ロボット（上）と大量の情報を含むソフトロボット（下）

動くと、これらの情報は互いに影響しあいながら刻々と変化し始めます。これらの情報を取り出すことができれば、互いに影響を与えあう膨大な量の変数の挙動を一度に手に入れることができるのです。この膨大な量の情報をうまく処理すればさまざまな情報処理ができるはずと考え、このような豊富な情報が宿るソフトロボットの身体を、彼らは「情報リッチ」と呼んでいます。

物理リザバーコンピューティング

中嶋浩平先生（東京大学）は、タコの足を真似たやわらかい物体に、情報処理を行わせる研究を進めています。物理リザバーコンピューティング（PRC：physical reservoir computing）という手法を使っています[10]。

物理リザバーコンピューティングの説明の前に、通常のリザバーコンピューティングの説明

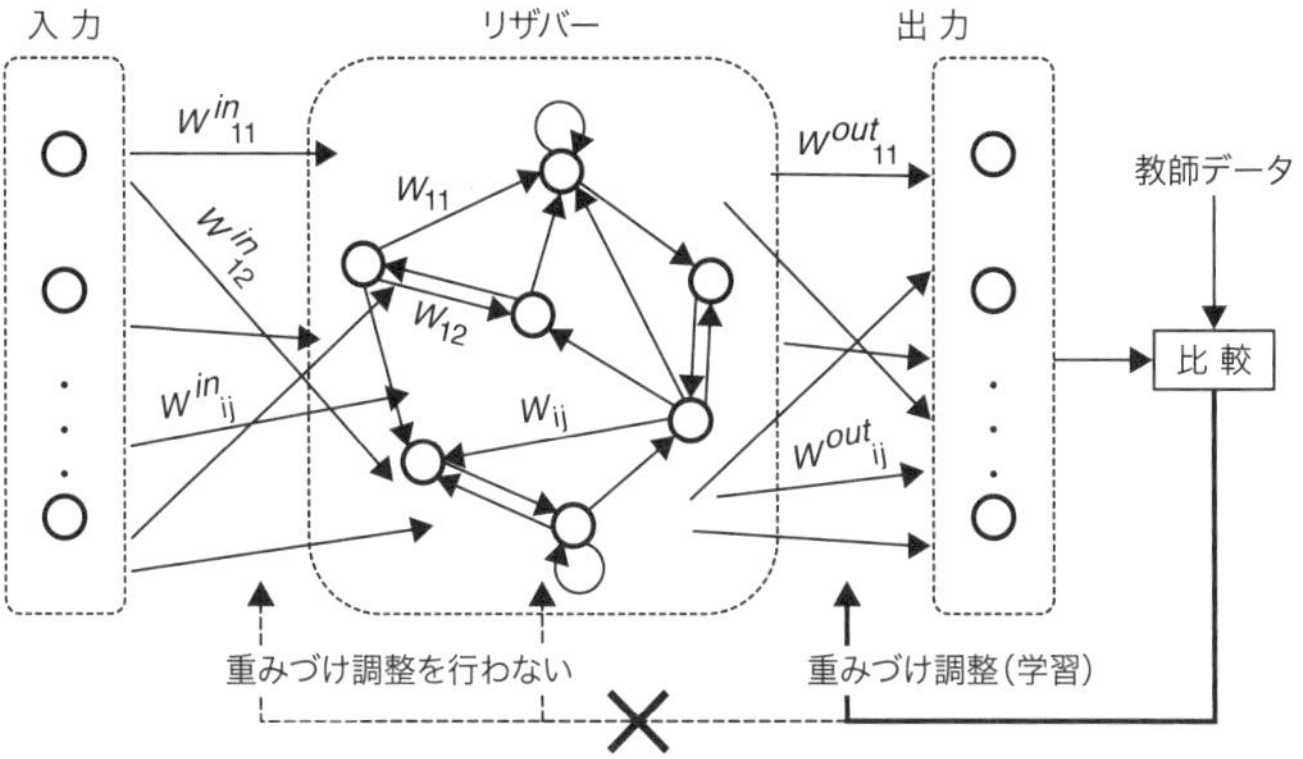

図 4 - 12 リザバーコンピューティング。出力計算におけるノード間の結合の重みづけ(w^{out}_{ij})のみを調整する

をしましょう[11]。

図 4 - 12に示すように、リザバーコンピューティングも、通常のニューラルネットワークと同じように、ニューロン(ノード)がシナプスによって結合した構造を持ち、入力とその入力に対する目標出力(教師データ)がセットになった大量のデータをお手本に学習を行います。

通常のニューラルネットワークの学習では、出力が教師データと一致するようにニューロン間の結合の重みづけ(**図 4 - 12**の w_{11}、w_{12}……)の係数を調整していきますが、リザバーコンピューティングではその値は固定値で、調整しません。その代わりたくさんのニューロンを置き、各々のニューロンの出力にそれぞれ重み(**図 4 - 12**の w^{out}_{11}、w^{out}_{12}……)をかけて足し合わせて出力とします。リザバーコンピューティングの学習では、このように出力段の重みだけを調整します。通常のニューラルネットワークよりも早く学習が進むことがあるので注目されている手法です。これがこれまでのリザバーコンピューティングです。

なにかひらめきませんか？　やわらかい連続物体が振動運動を行うとき、各部分のひずみや力は互いに影響しあいながら変化します。その情報を検出できれば、互いに影響しあう膨大な変数が連動するネットワークを手に入れられます。各情報間の関係は、実際にはゴムの特性や形状や情報の検出位置によって決まるので、これを調整することはできませんが、前述のとおり、リザバーネットワークではそんな必要はもともとないのです。検出したニューロンのデータを足し合わせる際の重みづけのみ調整すればよいのです。ですから膨大なネットワークの計算はやわらかい〝もの〟に任せ、外部のコンピュータは出力を計算するところだけ担当すればよいのです。計算負荷が圧倒的に小さくなります。膨大な計算はやわらかい身体に任せる、これが物理リザバーコンピューティングです。

中嶋先生は、内部にたくさんのひずみセンサを埋め込んだシリコーンゴム製のタコの足を作りました。タコ足の根元にモータを取りつけ、水中でタコ足を振ってやると、埋め込んだセンサからはたくさんの非線形の振動データが出てきます。通常のニューラルネットワークでは大量の計算が必要な部分を、タコ足が代わりにやってくれるのです（図4-13）。

この場合入力はモータの動きになります。入力に対して望んだ出力が出てくるシステムを作

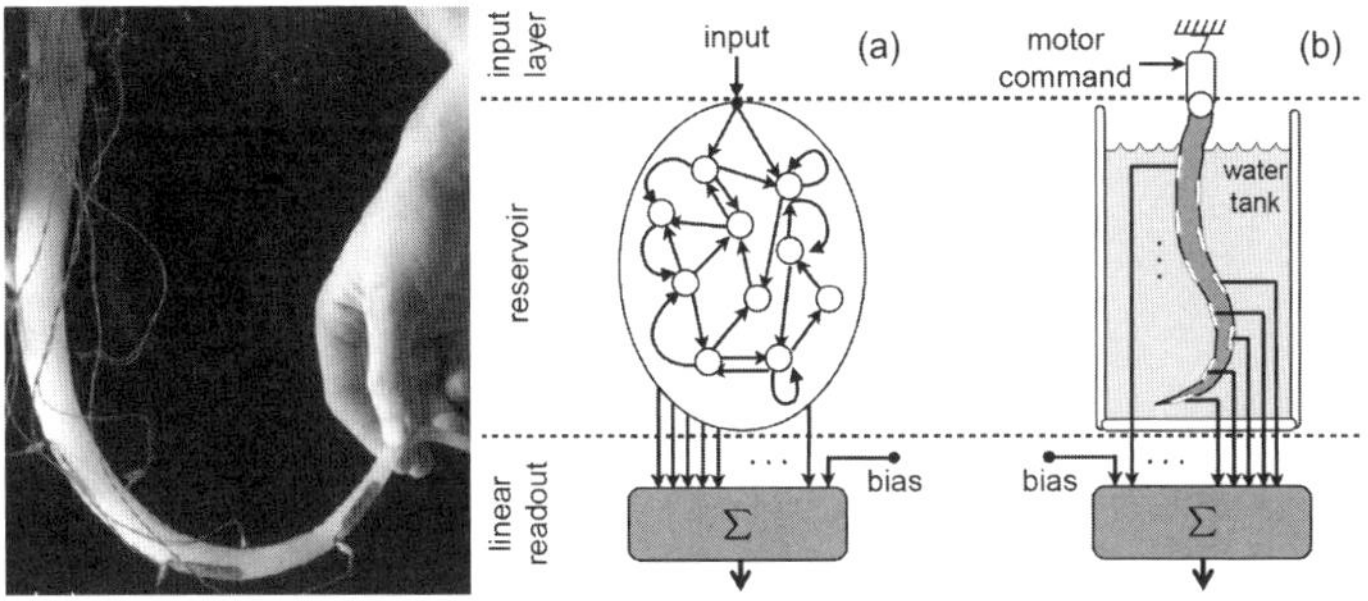

図 4－13　タコ足ロボット（左）と物理リザバーコンピューティング（中、右）。中嶋浩平氏提供

るには、お手本となるデータをもとに出力段の重み係数を調整するだけでよいのです。こうして中嶋先生はさまざまな出力を得ることに成功しています。

もうお気づきかと思います。マイクロセンサを多数搭載して扱う情報量を増やせば「タコ足コンピュータ」の性能はさらに上がるはずです。現在、中嶋先生は、ナノ材料の専門家である竹井邦晴先生（大阪府立大学）と連携して、多数のセンサを組み込んだ柔軟構造物の開発を進めています。

※　※　※

しなやかな身体がしなやかに動くことによって「知能」が発生します。ソフトロボットでは、身体、動き、知能が、三位一体となって動くのです。

次章では、ソフトロボット学の研究者が何を考えながら日々過ごしているか、その一端をご紹介したいと思います。

第五章

ソフトロボット研究の現場から

ソフトロボット研究に携わる研究者は何を考え、どんな活動をしているのか、その一端をお伝えしたいと思います。

私はこれまで、民間メーカ、国の研究プロジェクト管理、大学、ベンチャー企業など、産官学のいろいろな立場でロボットに関係する仕事を行ってきました。それぞれの立場から、ソフトロボット学と関連内容について感じてきたことをお話ししようと思います。できるだけ、現場の息吹をお伝えしたく、少々、主観を交えて書き進めます。

一　ソフトロボット学研究の最前線

まず、現在進行中の、最前線の研究活動の一例を紹介しましょう。

第一章で述べたように、この一〇年ほどの間に世界中の研究機関でソフトロボットに関する研究が急速に進んでいます。日本では新学術領域研究「ソフトロボット学」が進行しています。

進め「ソフトロボット学」プロジェクト

文部科学省の科学研究費補助金という研究予算制度があります。国内の複数のノーベル賞受賞にも結びついた、わが国の科学研究を支える重要な研究予算です。大学や研究所に勤務する多くの研究者が毎年この予算の獲得をめざしていますが、採択率はおおよそ二割程度で狭き門です。どの課題を採択するかは専門家からなる審査委員会で決められますが、審査する側も審査される側も真剣です。

この制度にはいろいろな予算規模や体制の研究がありますが、その一つに新学術領域研究という枠組みがあります（二〇二一年度採択分からは名称やしくみが変更になりました）。世界や日本の学術にとって重要な研究課題を毎年二〇個程度設定し、国内の複数の研究者が組織の枠を超えて集まり共同で研究を進める枠組みです。
「ソフトロボット学」はその一つとして、私が代表となり二〇一八～二〇二二年度に設定されたものです。これまでに、約三〇の研究機関から、約一五〇名（大学院生を含める）の研究者が参加し、約四〇のソフトロボットに関する研究課題が進められています。[1]

図5－1は、ディスカッションのワンシーンです。従来のロボット工学はもちろん、材料科学、情報科学、細胞学、動物学などなど、さまざまな分野から集まった有能な若者が活躍する大変刺激的な研究活動です。

このプロジェクトでは**図5－2**に示すようなロボットを共通目標のイメージとして共有し、これに向けて新しいソフトロボット学の開拓をめざしています。

とくに面白いのは、さまざまな分野から研究者が集まっていることです。従来のロボット工学はおもに、機械工学、電気工学、情報科学の三本の柱から成り立っていました。硬くて確実に動くロボットを実現するために、理論的な厳密さを重視したこれらの学問が中心になってきたのです。ところがソフトロボットでは、めざす方向性が大きく変わります。また第一章で説明したように、時を同じくして、さまざまな分野でやわらかさに関する学術が生まれてきました。ソフトロボット学は、従来のロボット工学では扱われてこなかった、これらやわらかさに関する学問を意欲的に取り入れているのです［▶5－1］。

▶5-1

本書ですでに紹介したソフトロボットの研究例の多くは、このプロジェクトにおける異分野融合研究の一部です。たとえば、バイオセンサ（図2-16）は細胞学とマイクロ加工、羽ばたきロボット（図4-5）は鳥類学とロボット学と流体工学、フレキシブルエレクトロニクス（図2-

図5-1　新学術領域「ソフトロボット学」のディスカッションのワンシーン

図5-2　新学術領域「ソフトロボット学」がめざす将来のソフトロボットのイメージ。イラスト：藤本公美子（上2つ）、新山龍馬（下）

23、図2－24）は電子工学と材料科学、ポリマアクチュエータ（図3－7、図3－8）はポリマ材料とアクチュエータ、筋肉駆動ロボット（図3－14）はロボット機構学と高分子材料、タコ足ロボット（図4－13）は情報学とナノ粒子材料、自走するポリマ（図4－10）は高分子材料と情報工学、C・エレガンス（図4－9）は生物学と物理学、それぞれの融合によって成し遂げられた成果です。専門分野や所属組織が異なる研究者が出会い、刺激し合い、自分の専門分野だけにいたのでは思いつかない学術展開を見るのは心が躍ります。

解剖学×ロボット工学

異分野融合研究の一例を紹介します。解剖学とロボット工学の融合です。

郡司芽久先生（前出）は、キリンの解剖の専門家です。私は郡司先生と知り合うまでは解剖学者との付き合いはなかったので、キリンの解剖を見せてもらったり、種々の動物の身体のしくみを伺ったり、解剖学者の日々の生活の話を伺い大変刺激を受けました。第三章四節で紹介したキリン首ロボットも郡司先生に出会わなかったら、キリンの首に秘められたしくみを利用してパワーソフトロボットを作ってみようと思いもしませんでした。

郡司芽久先生（解剖学）、新山龍馬先生（東京大学、ロボット学）、望山洋先生（筑波大学、制御工学）らがいま共同で進めているダチョウロボットの研究を紹介しましょう。

ダチョウの首はソフトロボット学から見ても非常に興味深い対象です。人間は二本足で立つことで二本の手が自由になり、さまざまなものを扱えるようになりました。ところが鳥類は四肢のうち二つを足に、もう二つを羽に使っているので、エサや物を取り扱うために首とくちばしを使う能力を身につけたのです。

ダチョウはS字状の独特な形に器用に首を動かして地面に落ちているエサを素早く拾い上げます。エサをついばむ際、くちばしが到達する高さと地面が食い違っていれば、エサをつかめないどころか、場合によっては地面にくちばしが激突して大けがをすることになります。従来のロボット工学から見ると、じつは非常に高度な運動制御をダチョウの首は行っているのです。

話は少々横道にそれますが、ほとんどの哺乳類の首の骨（頸椎）は種による違いがなく、みな七個だそうです。人間も七個です。キリンの首が長いのは、頸椎の数が多いのではなく、一つ一つの頸椎が長いのです。これに対して鳥類では頸椎の数を増やすことで長い首を作っています。

これも郡司先生から教えてもらったことです。こういった知識は、新しいロボットを設計したり、生き物の身体の構造をロボット工学の視点で考える（バイオメカニズムと呼ばれる分野です）うえで大きなヒントになります。異分野融合研究は、新たな研究展開のヒントに満ちているのです。

話をもとに戻します。ダチョウの首は一七個（個体や観察者によって違いもあるそうです）の頸椎が連結してできています。従来のロボット工学では一七個の頸椎の間にそれぞれモータを組み込み、それぞれをコンピュータの指示によって動かすわけですが、おそらくダチョウは各関節の個別の動きなど考えていません。くちばしが狙った位置にくるようにいくつかの筋肉を収縮させると、それに伴って各関節の角度は自然に決まっているのだろうと思います。個別の関節の動きをきっちりとコントロールしているわけではないので、地面とぶつかってもどこかの関節が逃げることで、その衝撃を吸収できているのかもしれません。

郡司、新山、望山の三先生が進めているのは、このようなダチョウの首のメカニズムを探り、

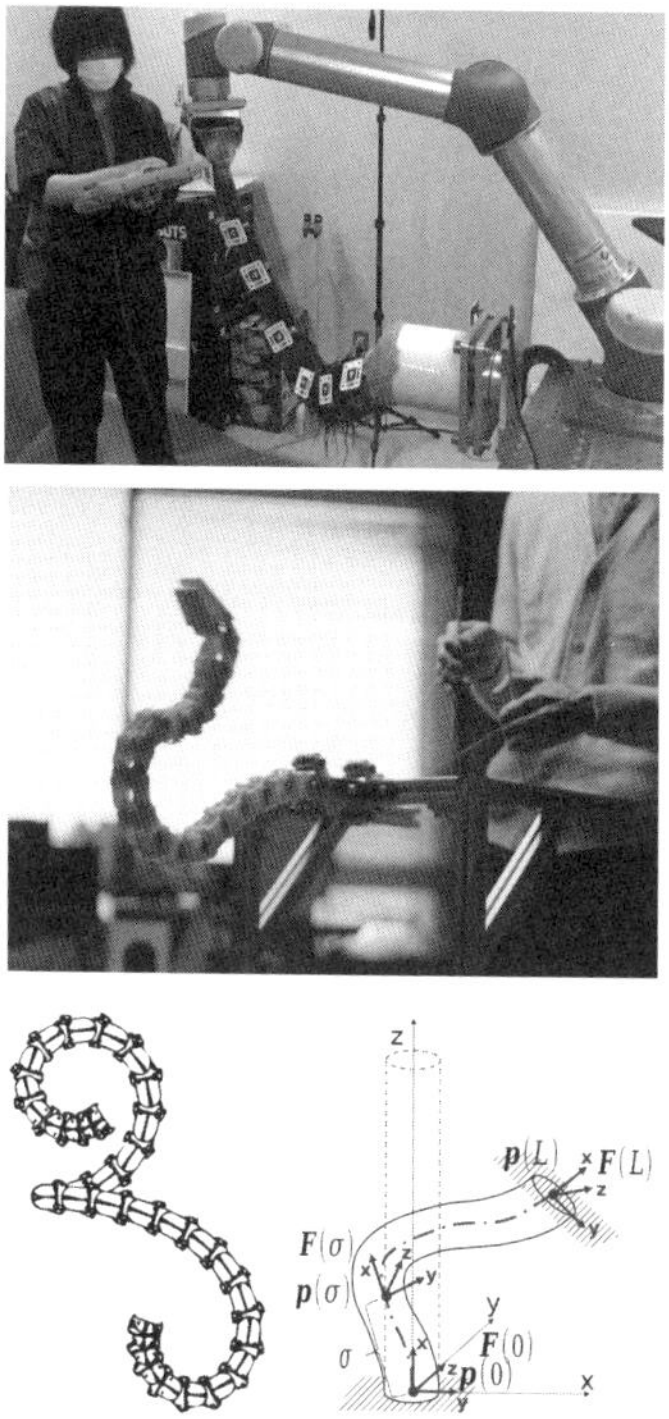

図5－3　異分野研究者の協働によるダチョウロボット研究。上：ダチョウの首の解明、中：ロボット開発、下：モデリングと制御〔望月洋氏（上、下）、新山龍馬氏（中）提供〕

弾性を持った連続体からなるソフトロボットの設計に応用しようという研究です。

解剖学、ロボット学、制御工学の専門家が協力し、ダチョウの首の特性を評価し（図5－3上）、しなやかな体幹ロボットを作り（図5－3中）、リアルタイムで機能するモデリングと制御を進めています（図5－3下）。

異分野融合研究の難しさと面白さ

異分野融合研究を推進するうえで重要なポイントの一つは、それぞれの分野の常識や価値観を互いに理解しあうことです。同じ自然科学のなかでも、分野が違うとそれらは大きく異なります。

私がよく感じるのは、サイエンス（科学、理学）とエンジニアリング（技術、工学）間のギャップです。両者は似ているところも多いのですが、最終目標はかなり異なります。サイエンスは真理を追究する学問です。自然界の普遍的な法則を見つけだし、一般化した〝考え方〟を確立することをめざしています。妥協は許されません。真実に向き合い、とことん追及するのが信条です。研究者は、たとえば *Nature* や *Science* といった学術誌に、いままで誰も知らなかった新しい普遍的な発見を掲載することに大きな価値を置いています。

一方、エンジニアリングの究極の目標は、人類の幸福・繁栄に結びつく〝価値〟を創り出すことです。〝価値〟を〝お金〟と置き換えて考えるとわかりやすいかもしれません。〝お金〟というといやらしく感じるかもしれませんが、〝価値〟の評価バロメータととらえてください。そう考えると、少々極端な言い方になりますが、工学とは「お金を創り出す学問」とも言えるのです。

このように考えると、大まかに言って、サイエンスの主管省庁が文部科学省、エンジニアリングの主管省庁が経済産業省と分かれているのも、なんとなくうなずけます。

エンジニアリングはサイエンスの成果を利用しますが、エンジニアリングにとってそれは目的ではなく手段です。エンジニアリングでは妥協が欠かせません。コストや納期や市場といった、さまざまな現実的制約の中で価値を創り出すのです。最高の性能を出すにはこのモータを使いたいのだけれど、価格や納期、ときには国際情勢など、さまざまな制約を考慮し、性能面ではベストではないモータを選択することは、エンジニアリングの世界ではよくあることです。現実的制約のもと、理想と現実のバランスを取り、妥協を重ねながら価値を生み出すのがエンジニアリングだと思います。

エンジニアリングの中でも、電気工学や機械工学といった「物理系」と、化学やバイオといった「化学、生命系」との間でも考え方の違いを感じることがよくあります。たとえば〝実験〟に対する考え方です。

荒っぽい言い方で例外もたくさんあるとは思いますが、一般に「物理系」の実験とは、すでに理論的に結果が導ける結果を確認する場合が多いです。たとえば、一オームの抵抗に一ボルトの電圧をかけてみる。すると電流計で一アンペアという値が観測された。これを「物理系」では〝実験〟と呼んでいます。

「化学、生命系」は異なります。この物質をこの細胞に注入するとどうなるか？　わからないからやってみよう。これを「化学、生命系」では〝実験〟と呼んでいる場合が多いと思います。以前、化学系の先生と共同研究をしたことがあります。この二つの物質を混ぜるとどうなりますか？　という話になったとき、混ぜ方にもよるし、量にもよるし……わからないのでやってみましょう、と言われることが頻繁にありました。機械工学の研究者にとっては、大変失礼ながら、理論的にわからないのですか？　この先生は共同研究のパートナとして大丈夫なんだろうか？　とさえ感じかねない場合があるのです。

ところがそうではないのです。化学・生命系で扱う現象は、例外も多いとは思いますが、機械工学や電気工学で扱う現象ほど単純ではない場合が多いのです。さまざまな要因が絡んでいて、やってみないとわからない複雑な対象を取り扱っているのです。たとえばワクチンの開発、量産に関しても、実際には多くの人に使ってみないと、その効果や副反応ははっきりとはわからないのです。そのような分野から見ると、たとえば、根元の関節を一〇度動かすとロボット先端は何センチメートル動くか、といったロボット工学における〝実験〟は、〝実験〟ではなく〝検証〟です。以上はほんの一例ですが、育ったバックグラウンドによって考え方はずいぶん異なります。分野間の考え方や価値観の違いを互いに理解し尊重することが不可欠です。

異分野融合研究を推進するうえでのもう一つの重要なポイントは目標の共有です。各研究者がそれぞれの立場で情熱を持てる共通した研究目標が必要です。それがないと、各研究者は自分の出身分野の中でしか物事を考えません。異分野の専門家がいくら集まっても融合した成果には結びつきません。

このような観点から見ると、ソフトロボット学は、まさしく異分野融合によって大きく展開しうる分野だと思います。

ソフトロボット学はサイエンスとエンジニアリングの両側面を持っています。従来のロボット工学は、機械工学、電気工学、情報工学の専門家が主導するエンジニアリングの一領域でした。ソフトロボット学では、生物学や材料科学に関するサイエンス寄りの研究者が大勢参加しています。最近のソフトロボットに関する論文は、従来の工学系の学術誌だけではなく、*Nature*、*Science* といった理学系の学術誌にたくさん掲載されます。従来のロボット工学ではなかった現象です。

エンジニアリングの側面ももちろん健在です。**図5－2**に示したように、ソフトロボットは、介護、人間共存、福祉・社会インフラなど、今後世界が抱える課題の解決に役立ちうる実用の学術でもあります。

ソフトロボット学は、ロジック中心で動いてきた従来のロボット工学から、わからないことだらけの現象を取り扱う、新しいフィールドへのロボット学の展開です。有限個の関節と簡単には変化しない金属部品から構成された、比較的単純な機械システムを扱っていた従来のロボット工学に対し、ソフトロボット学は、分布、連続した動きを行い、変形・変質しやすい材料からなる複雑なシステムを取り扱う学問への展開と言えます。

異分野融合がそのカギを担っているのです。

新しいロボット学

ロボット工学は、もともと異分野融合分野として発展してきました。日本ロボット学会が作られたのはいまから約四〇年前ですが、そのころの工学部と言えば、どこの大学でもだいたい、機械工学科、電気工学科、情報工学科と分かれていたので、それらが融合するロボット工学はまさに工学内での異分野融合の典型でした。

しかし、現在のソフトロボット学から見ると、それは融合というよりも分業だったと思います。従来のロボットは、機械工学、電気工学、情報工学が、それぞれ身体、動き、知能を担当

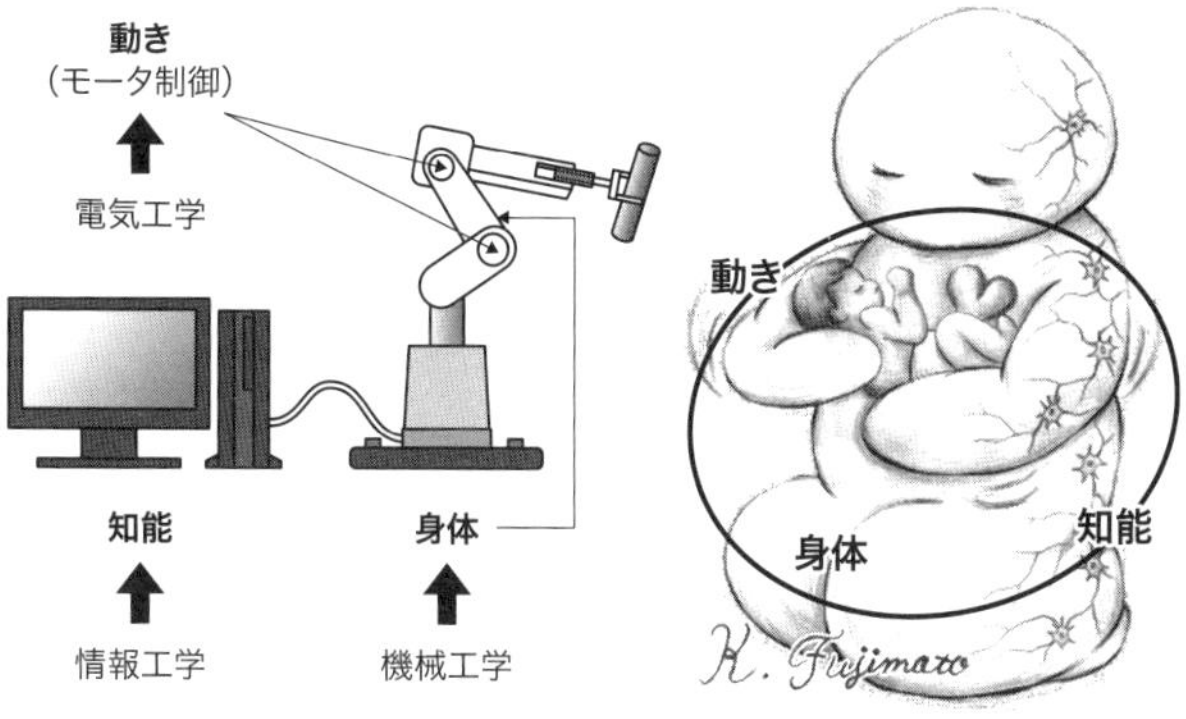

図５−４　従来のロボット工学（左：身体・動き・知能の境界が明瞭。分業で開発）と、ソフトロボット学（右：身体・動き・知能が一体化・不可分）

し、できあがる機能を足し合わせるという分業体制で作られてきました（**図５−４**）。

一方、ソフトロボットでは、身体・動き・知能が不可分で一体化しています。たとえば、身体のいたるところが動くので、アクチュエータと身体の区別がつきません。また、身体にセンサやさらに情報処理能力まで分散して存在するのがソフトロボットなのです。これまでの分業の学術では対応できません。ソフトロボット研究で得た新たな知見を、従来の機械工学、電気工学、情報科学に追加するのではなく、新しい枠組みの学術体系「ソフトロボット学」を作り上げようと、いま議論を続けています。

二　三五年前のソフトロボット

少し話をさかのぼりましょう。

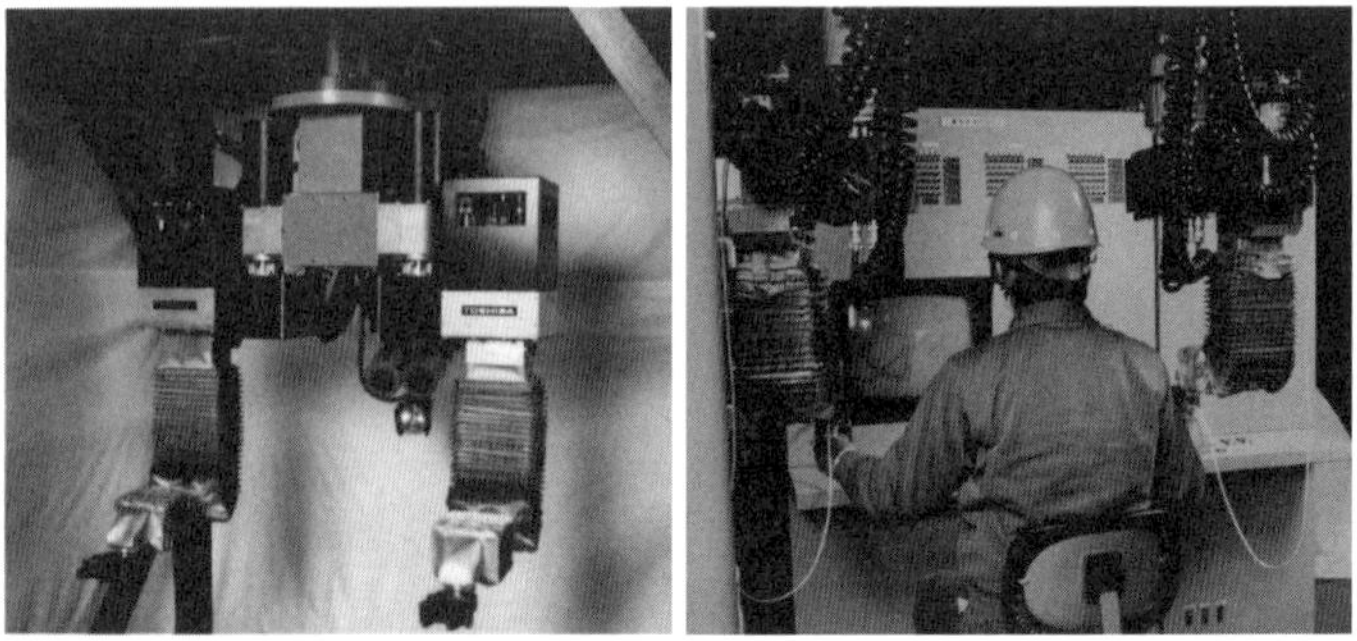

図５－５　核燃料処理用遠隔操作ロボット。左：フォロワアーム、右：リーダアーム

私は三五年前に、ＦＭＡを開発しました。当時はソフトロボットという明確な概念は、私を含めてまだ誰も持っていなかったと思います。当時私は、いままでのロボットとは大きく異なる特徴を持つロボットという自覚もなく、ましてや数十年後にソフトロボット学という独立した一つの領域として注目されることになるとは思いもせず、ＦＭＡを開発していました。なぜ三五年前に私はＦＭＡを開発することになったのか、その背景と、同時にいま残念に思っていることをお話ししたいと思います。

当時私は電機メーカで原子力発電所の燃料を取り扱う遠隔操作ロボットの開発を行っていました。リーダフォロワという形式（マスタスレーブとも言います）のロボットで、人間がリーダアームを操作すると、放射線量の高い環境に設置したフォロワアームがそれと同じ動きを行います。逆に、フォロワアームに力がかかるとリーダアームにその動きはフィードバックされるので、操作者は反力を感じながら操作が行えます。操作者はフォロワロボットに搭載した立体カメラからの映像を見ながら操作を行うので、人間が入れない環境（この場合、高放射線環境）において、あたかも自分がそこに入り込んだかのような感覚で遠隔操作を行えるというシステムがリーダフォロワロボットです（**図5－5**）。

残業続きの大変な開発業務だったのですが、客先への納入が終わりひと段落ついた段階で、私はこの技術をほかの用途に使えないか、ということを考え始めました。人が入れないけれどもロボットに任せてしまうことができない作業は、いろいろとあります。たとえば、宇宙や水中での探査作業、細菌や毒物を取り扱う実験、といった不定形な作業です。一番効果的なものは何だろう？　職場の若手の仲間を集めていろいろと議論しました。

その結果たどり着いたのは、**図5－6**に示すような医療用マイクロロボットです。小さなフォロワロボットを作って体内に挿入すれば、医師があたかも自分が小さくなって患者さんの体内に入り込んだ感覚で非開腹で手術を行えないだろうか、あるいは、医師が扱うリーダアームの動きを縮小してフォロワアームを動かし、フォロワアームにかかる力を拡大してリーダアームに伝えれば、きわめて細い血管や神経も、あたかも大きな血管や神経を扱っている感覚で簡単に確実に手技を進めることができるのではないか、ここに原子力発電所の燃料処理ロボットで培った技術を適用できないか、という案でした(2)。

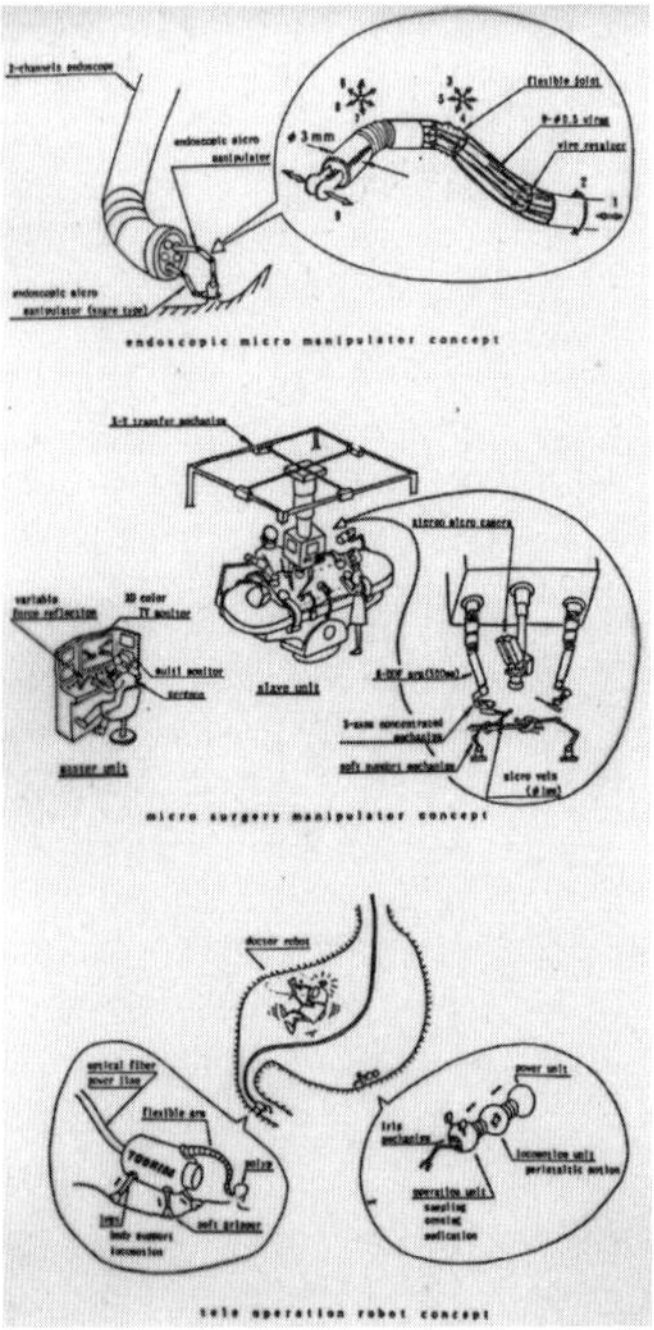

図５－６　35年前の医療用マイクロロボットの研究企画

いまから見ると陳腐なアイディアです。手術ロボットや鉗子《かんし》を使った非開腹手術はすでに一般的に行われています。しかし、この研究企画を立てた一九八〇年代後半には、マイクロロボット、医療ロボット、そしてソフトロボットといったアイディアや概念は、ロボット研究者の間でもまだ一般には知られていませんでした。当時はとても斬新なアイディアだったと思います。

そしてその後、マイクロロボット、医療ロボット、ソフトロボットは、ロボット界の主要な研究領域の一つとして、それぞれ大きく育っていくことになったのです。われながら先駆的ですごい研究企画だったという思いと、同時に世界の先頭を走り抜けなかった残念な思いを感じています。われわれが医療用マイクロロボットの企画を立てたすぐあと、マイクロロボットと医療ロボットは米国を中心にすさまじい勢いで研究が進んでいったのです。

私が突っ走れなかった最大の原因の一つは、誰もやっていないこと（本当は米国で同時期に始まっていたのですが）、あるいは当時のロボット研究のホットトピックスから離れた研究テーマにのめり込んでよいのだろうか、という戸惑いを心の底で持っていたからだと反省しています。当時のロボット工学のトレンドは、いわゆる「硬いロボット」によるパワーと精密さの実現でした。トレンドに反して新しい分野に挑戦する気概が当時の私にはまるでなかったと言わざるを得ません。

原因はまだあります。「こんな奇抜なテーマはどうせ誰も取り組んでいないだろう。上司から指示された仕事の合間にゆっくり進めていこう」。そんな呑気《のんき》な気持ちが心の底にあったのだと思います。ところが、実際は同時期に同じことを思いついて、そして実際に行動に移している人たちがいたのです。

新技術は世界の複数の場所で同時萌芽します。じつは私はこのような経験をこれまで二回しています。同じような状況下に置かれた同じような意識や能力を持った研究者や技術者は、同じような〝凄い〟アイディアを思いつくのです。

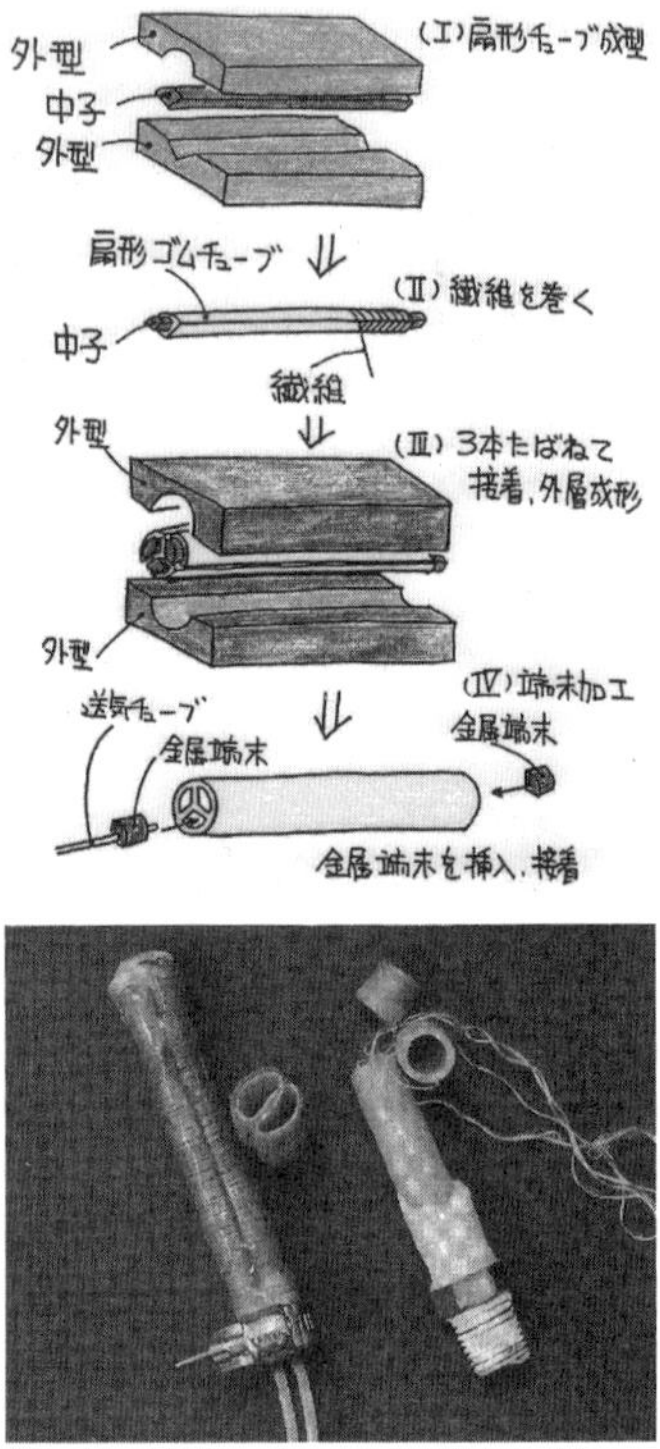

図5－7　FMA開発当時のメモ（上）と試作第一号機（下）

どんなに奇抜なアイディアだと思っても、同時に誰かがどこかで同じものを思いついていると考えたほうがよいと思います。ものにできるか否かは、それを堂々と行動に移せるか否かにかかっています。若い研究者や技術者は、自分の信じたことは、周囲の目を気にせずにどんどん進めてもらいたいと思います。

残念ながら実際の医療ロボットには結びつきませんでしたが、このように、体内に入って検査や治療をするロボットをめざしてＦＭＡは開発されました。「ソフトロボット」という明確な概念を持って進めた研究ではなく、身体を傷つけず挿入する、という動機が行きついた結果です。

当時の初期のFMA試作メモと試作品を**図5－7**に紹介します。

三　ソフトロボット研究を通じて考えること

グローバル化

この十数年の間に、ロボットに関連する多くの新技術が次々と登場して、マスコミや社会をにぎわせています。AI、IoT、自動運転、ドローン、3Dプリンタ、人型ロボット、MEMS（半導体デバイスの製造技術を応用して作られる微小機械）、マイクロロボット、ソフトロボット、掃除ロボット、手術ロボットなど、枚挙にきりがありません。

これらの新しい潮流の多くは米国に端を発しています。しかしじつは、大きなブームになる前から日本でもこれらの技術開発がすでに行われていました。たとえばAIに関しては、一九八〇年ごろにはNHK放送技術研究所でディープラーニングの研究が進められていましたし、ドローンについては、一九九〇年ごろにキーエンス社がマルチコプターを商品化していました。3Dプリンタ関連では、一九八〇年代には三井造船が光造形法を開発していました。MEMSに関しては、古くよりマイクロマシンという形で林輝《てる》先生（東京工業大学名誉教授）を中心に先駆的な研究が進められていましたし、NECも体内に入って薬物供給や生体液採取を行うマイクロカプセルをずいぶん開発していました。

掃除ロボットは、一九九〇年ごろに国内の複数の大手電機メーカでいろいろと試作されていました。当時の試作機の写真を見ると、いまのiRobot社の掃除ロボット、ルンバとそう違わないものが三〇年前にできあがっています。しかし残念ながら日本のメーカが掃除ロボットの商品化を本気で始めるのは、ルンバによって「掃除ロボット」という分野が社会的にオーソライズされたあとなのです。

日本で進められた先駆的な研究開発が、大きな社会の潮流を創り出すことができない例を見ると大変残念に思います。そして、欧米で着目されると、「欧米ではこんな新しい技術トレンドが始まっている」とマスコミや評論家によって社会に紹介されるケースに触れると、エンジニアとして歯がゆい思いをすることがあります。

じつは、本書の読者に水を差すようで気が引けるのですが、残念ながらソフトロボット学もその一つなのです。第一章二節で紹介したとおり、一九八〇〜九〇年代には日本ではさまざまなソフトロボットの研究開発が行われていたのですが、大きな技術潮流は作れなかったのです。

「出羽守論法《ではのかみ》」という言葉があります。「欧米では……」という言い回しで、海外に比べて日本は遅れている、という意味で使われることが多いようです。新しい研究課題やアイディアは、残念ながら欧米でオーソライズされないと、社会的にも、あるいは研究者の間でさえも、認められにくい風土がまだ日本にはあるように思います。

コペルニクスやニュートンなど、現代の「自然科学」を築きあげてきた歴史に裏づけされた〝自信とプライド〟が、わが国には不足しているのかもしれません。しかしいまや、ノーベル賞受賞者を多数輩出している国の一つなのですから、そろそろ〝人類の知〟開拓の最先端にいるという〝自信とプライド〟を持ち、新しい分野を堂々と切り拓く若い人材が次々と生まれてほしいと願っています。それが、日本がめざすグローバル化の一つの形ではないでしょうか。

新規性と実用性

二〇一五年に多くの方の支援を受け、**図3-12**で紹介したしなやか人工筋肉を製造販売するベンチャー企業を立ち上げました。現在、国内外の研究機関や企業において、この人工筋肉を使ったさまざまなソフトロボットの試作や研究が進んでいます。ソフトロボット用の汎用デバイスの一つとして社会に少しでも役立てればうれしく思います。

人工筋肉のように〝形〟のある技術では、研究と実用の間に大きなギャップがあります。研究段階でいくらうまく動いていても、実用段階に持っていくには、製造方法、品質管理、工程管理、耐久性、コスト、クレーム対応など、さまざまな課題を解決しなくてはならないからです。コピーするだけでどんどん同じ品質の製品が大量生産でき、販売後の不具合もバージョンのアップデートという形で簡単に修正できる、ソフトウェア業界がうらやましく思えるときがあります。隣の芝生は青く見えるだけかもしれませんが。

ロボットの研究開発では、「新規性」と「実用性」が相反する場合がよくあります。新規性を求めると実用性から離れ、実用性を求めると新規性から離れたロボットになってしまいがちなのです。多くのロボット研究者が感じているジレンマではないでしょうか。

もともと学術界では「新規性」が強く求められます。従来のロボット工学に比べてもソフトロボット学ではとくにその傾向が強いようです。サイエンス志向を持つ研究者が多いからかもしれません。ソフトロボットを扱うトップクラスの論文誌や学会で論文を発表するには、本質的に新しい点を強く強調できないとなかなか受け入れてもらえません。ですから私も、大学の研究室では、新しい原理のアクチュエータや世界最高性能を実現することに重点を置いています。

一方、新規性やチャンピオンデータ（条件をうまく調整することによって得られる最高のデータ）ばかりを追い求めていると、いつまでたっても実用レベルのロボットが実現できません。実際にロボットという〝形あるシステム〟を実用化するには、生まれたての最先端技術よりも、実績と信頼性がある技術を組み合わせる必要があるからです。

新規性も実用性もともに重要です。新規性を重視した研究開発をおろそかにすれば将来の飛躍の可能性はありませんし、実用化を重視した研究開発をおろそかにすれば、いつまでたってもロボットは研究室から出ていけません。ロボット、ソフトロボットの研究者の多くがこのようなジレンマを抱えているのではないかと思います。

学生の教育、とくに卒業論文や修士論文の課題設定においても同様なジレンマがあります。最先端の研究では、将来役に立つか否かわからない特殊な試作や実験を行うことも多いので、学生が、即戦力となる知識や標準的な技術を身につけにくい場合があります。逆に、ある程度一般的に行われる常識的な研究課題を設定すれば学術界では評価されず、また、広い視野やチャレンジ精神を持つ学生を養成しにくい場合も往々にしてあります。

※　※　※

ソフトロボット学に携わる研究者の日々や考えに少しは触れていただけたでしょうか。

次章では、いよいよ、本書のタイトルに挙げている「いいかげん」についてソフトロボットの立場から考えてみたいと思います。

第六章

E-kagenなロボットが創るしなやかな未来

今日のさまざまな問題や行きづまりは、ぐうたらな不まじめや、頭から湯気をたてるまじめではもはやのりこえられず、その二つを超えた「非まじめ」発想によってはじめて解決できるのだ。

（森政弘『「非まじめ」のすすめ』より[1]）

森政弘先生（東京工業大学名誉教授）は、ロボット界のレジェンドとも言うべき存在です。森先生が四〇年近く前に言われた「非まじめ」という言葉は、現代のソフトロボット学の考え方に通じています。

森政弘『「非まじめ」のすすめ』（講談社文庫）

一　E-kagen なロボット

新しい視点に基づくロボット学

ソフトロボット学について、従来のロボット工学と対比しながら話を進めてきました。従来のロボット工学との大きな違いをご理解いただけたでしょうか。

従来のロボット工学はパワーと精密さを追い求めてきました。そのために、従来のロボットは、硬く精密な身体、正確に動作するサーボモータ、緻密な制御プログラムから作りあげられてきました。そこでは、すべての要素がロボット設計者の意図どおり正確に働くことが求められ、あいまいさやいいかげんさは極力排除されてきました。

ソフトロボット学の考え方は対称的です。外界の影響を受けて変形する身体、負荷によって動きが変わるアクチュエータ、状況次第で反応が変わる知能など、ソフトロボットは外界の影響で動きや対応を容易に変えてしまう要素から成り立っています。

ちょっとした状況変化によって行動が変わってしまうのでは、従来のロボット工学から見れば、あいまいでいいかげんなロボットと言わざるを得ません。しかし、ソフトロボット学ではあいまいさやいいかげんさを取り入れ、さらにそれらを活用することによって、相手や環境に対する適応性や順応性を創り出すのです。この点が従来のロボット工学ともっとも違う点であり、ソフトロボット学の最大の魅力です。

「いいかげん」はソフトロボットが持つ二つの側面をよく表す言葉です。従来のロボット工学の価値観では、ソフトロボットは無責任で投げやりな〝ダメロボット〟ですが、これこそが状況の変化に「ちょうど良いかげんに」適応、順応する機能を実現するのです。ソフトロボット学とは、従来とは真逆とも言える新しい視点に基づくロボット学なのです。

「いいかげん」から「E-kagen」へ

似たような言葉に「てきとう」もあります。

日本人は、白黒はっきり言わない、自分の意見を主張しない、と一般に言われます。たしかに日本語には、立場や状況によって意味が変わる単語や、主語をはっきりさせないなど、あいまいな表現法が多くあります。雰囲気から相手の意向を理解するとか、あいまいさを残すことで良い人間関係を保つ、といった考え方も背景にあるのでしょう。「いいかげん」、「てきとう」のように、状況次第で「ちょうど良い」と「無責任」といういわば真逆の意味になるような単語は、ひょっとして日本語特有のものかもしれません。

そう考えて周囲の外国人に「いいかげん」に相当する言葉が母国語にあるか、尋ねました。

尋ねた人の中には日本語が堪能で、「いいかげん」の二つの意味もはっきりわかっている外国人もいました。「いいかげん」、「てきとう」は、イエスかノーかではなく、「ほどほど」といった中庸の状態が持つ価値を言い表した言葉だと思うのですが、それに対応するぴったりした外国語は、私が聞いた範囲では見つかりませんでした。「いいかげん」、「てきとう」といった言葉とその背景にある考え方は日本独自のものなのかもしれません。

私はこの特色ある考え方は大切にすべきだと思います。欧米人から「日本人は発言や態度があいまいで何を考えているかわからない」と言われると「改善しなくては」と素直に思いがちです。たしかに、ビジネスや交渉事、あるいは学術界における討論では、あいまいな態度や発言は一般的には大きな弱点ですが、使いようによっては〝強み〟にもなり得るからです。あいまいさを残した議論を通して〝落としどころ〟を見つける、というやり方はしばしば有効ですし、あいまいさこそが日本の強み、という指摘もあります。[2] かわいい、もったいない、と同じように、日本発祥の概念と言葉として世界に発信してもよいのではないかとも思います。

このような観点から、また、「いいかげん」という言葉が持つ二面性を強調する意味で、私はあえてローマ字でE-kagenと称し、ソフトロボットはE-kagenロボットである、と言っています[3]［▶6-1］。また最近知ったのですが、じつはいいかげんという言葉は、約二〇年前のファジー制御が注目された時期にもほぼ同じ意味で使われています。[4]

▶6-1

種々の分野で出現する E-kagen

E-kagen とは「あいまいさやいいかげんさを受け入れ、これらを活用する考え方」と言えます。E-kagen の事例は、ソフトロボット学に限らず近年の科学技術のさまざまな分野で見られます。

従来の材料科学は、硬く、強く、安定した材料を求めて発展してきました。高温など厳しい環境下においても、化学的に安定した材料を追い求めてきたのです。ところが近年の材料科学では、生分解性プラスチックなど、時間が経つと朽ち果ててしまう〝不安定な〟材料の研究が進められています。従来の材料科学の視点で見ると不安定でいいかげんな材料ですが、地球環境の視点で見れば、よい具合に分解される材料なのです。

情報科学は、一つのエラーもなく、確実に大量のデータを高速に処理する技術をめざしてきました。同じインプットに対してはいつも確実に同じアウトプットが期待されてきたのです。これに対して近年のＡＩは「いいかげん」です。ＡＩの学習状態やほかのさまざまな要因によって反応は変わります。同じ問いかけに対しても、昨日と今日ではまったく異なった応答をすることもあります。一見、無責任で信頼できない情報処理です。しかし、その「いいかげんさ」こそが、人間のような振る舞いをするＡＩロボットの魅力です。

この原稿を書いている二〇二一年二月、高分子学会誌『高分子』では「精密と曖昧のええかげん」という特集号が組まれました。[5] 高分子材料を合成する際に、精密な合成技術を駆使する

図6－1　自然界に見られるE-kagen（右：しだれ柳、左上：DNAのコピーエラー）と、品質管理に見られるE-kagen（左中：ワイン製造、左下：プレミアムぬいぐるみ）

一方で、あえて分子量や組成、あるいは分子構造にほど良い〝バラツキ〟を導入すると、優れた特性や機能が生まれる事例がたくさんあるそうです。材料の品質をいいかげんにすると、かえって良い特性が生まれることがあるというのは、まさしくE-kagenです。

製造業における品質管理でも「いいかげんさ」が価値を生み出す例があります（**図6－1**左中と左下）。ぬいぐるみ工場では、目を一ミリメートルの誤差もなく正確な位置に取りつけるのが従来の「品質管理」の目標でした。しかし、取りつけ誤差をあえて許容することでプレミアム商品ができあがることがあります。目の位置がちょっと違うだけでぬいぐるみの表情が変わり、〝かわいい、特別な〟ぬいぐるみができあがることがあるのです。

ワイン製造にも当てはまります。ワインの品質は、ブドウのできばえに依存します。〝当たり年〟のワインは評価が高く、高価で取り引きされます。しかし、たとえ原料の成分が少し変わっても製造プロセスでいろいろな工夫や調整を行うことによって、できあがる製品の品質をいつも一定に保つというのが、製造業界における本来の「品質管理」のめざすところです。ワイン製造は、製品のばらつきを許容し、むしろこれをうまく利用してヴィンテージワインを生み出している、という解釈もできるかもしれません。

前述したように、私は現在ベンチャー企業で細径人工筋肉を製造・販売しています。設計したとおりの寸法とやわらかさで細いゴムチューブを安定に作るのがそのキーポイントの一つですが、これが大変難しいのです。金属材料の加工に比べて、ゴム製品の寸法や品質の管理は非常に難しいです。原材料のロットが変わったり、ゴムを押し出す口金の状態がちょっと変わっただけで、ゴムチューブの寸法や特性は簡単にばらついてしまいます。ばらつきを抑えるために大変な努力が必要なのです。

そこでいま私は〝ワイン商法〟を提案しています。製造ロットごとに性能を公開し、性能の良いロットの人工筋肉は高値で、そうでもないロットはそれなりの値段をつけようというものです。もともと生鮮食品はそういうやり方ですよね。これを製造業にも適用したいのです。そうすれば、規格外れのアウトレット人工筋肉も、用途によってはお客様の納得のうえで安く購入して使ってもらえます。ただ、残念ながら役員会では賛同を得られていません。製造業ではいままで例がないので、受け入れるのはなかなか難しいのです。しかし、E-kagen の考え方を品質管理に適用すると、新しいビジネスも生まれると思います。

自然界はもともとE-kagen の考え方を活用しています（図6－1右、左上）。しだれ柳やしだれ桜は、強風から身を守る作戦が普通の樹木と逆です。幹を太く、強くする普通のやり方では、普段は確かに強いのですが、ある限界を超えると耐えられず突然折れることがあります。しだれ柳やしだれ桜は一見、頼りなくか弱そうに見えるのですが、じつは強風を受け流すことで身を守ります。第一章で取り上げた陶器の人形とぬいぐるみの関係、すなわち、従来の硬いロボットとソフトロボットの関係にも似ています。

生き物の〝進化〟は、もとをただせばDNAのコピーエラーから始まります。DNAのコピーエラーにより変異した個体が生まれ、その一部が環境に適応して増殖し、その後の種の主流となっていく、というのが〝進化〟です。自然界は、情報のコピーエラーを許容し、さらにそれを活用することで、環境に適応し生きながらえていくわけです。コピーエラーというネガティブな意味のいいかげんさを許容することによって、種全体としては良いかげんに発展しているのです。

従来のロボット工学では、エラーは許容されませんでした。そのおかげで、工場の生産ラインではミスがなく確実な作業を実現できます。しかし、いつも確実に同じことを繰り返すだけでは順応・成長はできません。一方、人間はいろいろなうっかりミスを起こします。社会における多くの事故は、人間のミス、すなわちヒューマンエラーに起因します。しかし、そのような事故や失敗の経験から人間は学習し、新たな発見をして、学習・成長していくのです。

ソフトロボットもこれに似ています。ソフトロボットは、身体にも動きにも知能にも「いいかげんさ」を持っているので、従来のロボットのようにいつもミスなく確実に働くわけではありません。ミスもします。しかしそのおかげで学習、成長し、環境に順応できるロボットなのです。

E-kagen の背景

ロボット工学に限らず、これまで長い間、科学技術は、パワー、精度、正確性、効率を追い求めてきたと言えないでしょうか。古代エジプトの巨大建造物、ワットの蒸気機関、車・汽車・船・航空機・ロケットといった移動手段、石炭・石油・原子力といったエネルギー技術、通信・コンピュータ・インターネットといった情報科学も、みんなこの方向に向かって発展してきました。

自然の脅威、外敵、飢餓から身を守り、社会を豊かにする、そういう発展途上社会においては、パワー、効率、生産性は最重要課題であり、この方向性は当然です。しかし、農業革命、産業革命、IT革命を経た現在、ある程度はこの目標は達成されたのではないでしょうか？これに代わって、持続的社会の実現や、人類の真の繁栄・幸福とは何かといった問題まで踏み込んだ新たな社会課題の解決が、これからの科学技術に求められています。

私はロボット学の中でもとくにアクチュエータを専門にしています。ですので、動力源という視点で科学技術の流れを見ると、たしかにこの二〇〇〜三〇〇年の間に急激に状況が変わっています。紀元前から使われていた動力は、風力・水力と、奴隷や使役動物の筋肉でした。風の力を使って船を動かし、水車を使って製粉や紡績工場の機械を動かし、奴隷を使ってガレー船（人力で進む軍艦）を動かし、使役動物を使って農地の耕作や物資の運搬が行われてきました。これ以外の動力は使われることはなく、この状態は一八世紀のワットの蒸気機関の発明まで続きました。長い人類の歴史の中で、風力・水力・生き物の筋肉以外の原動力を使えるようになったのは、このわずか数百年の出来事なのです。この数百年の科学技術の発展は、過去に類を

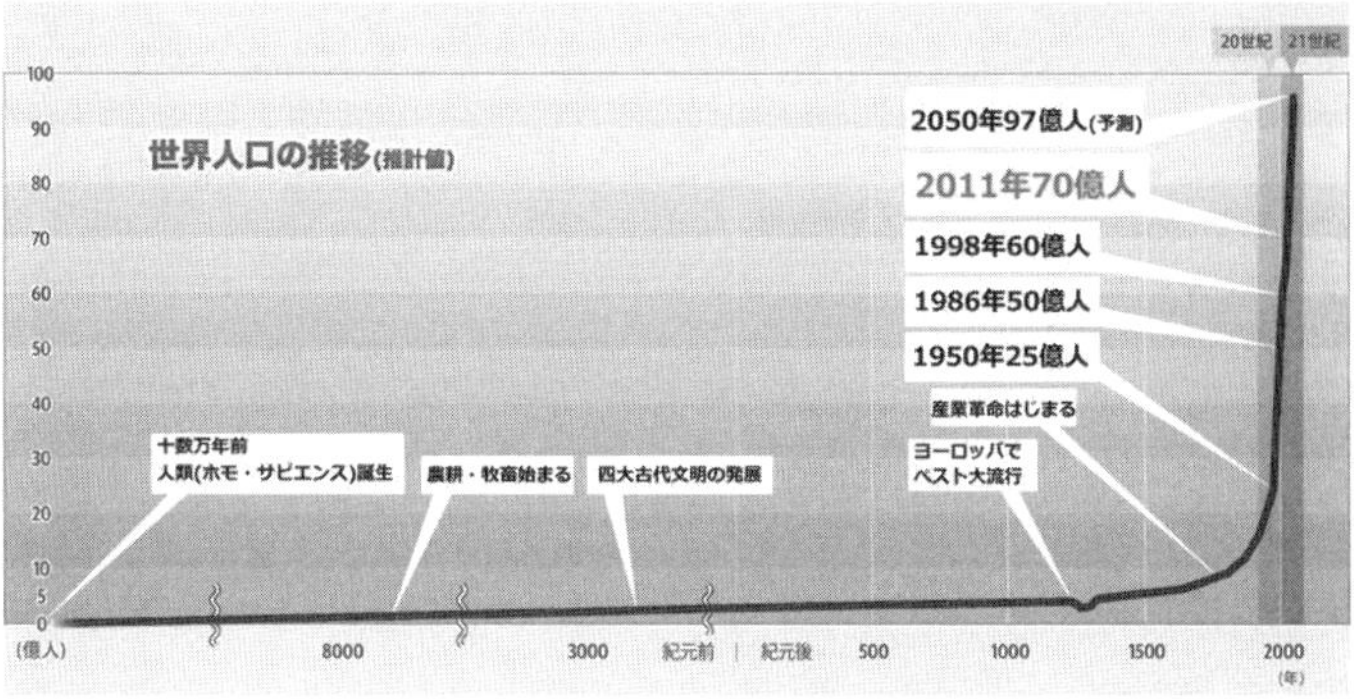

図6－2　世界人口の推移。出典：国連人口基金駐日事務所ホームページ

見ない急激なものです。

世界人口の推移を見ても、この数百年間に人類の活動が急激に活発になったことが見て取れます。**図6－2**に示すように、十数万年前にホモ・サピエンスが誕生して以来、世界の人口はゆっくりと増加してきました。ところが一八～一九世紀の農業革命、産業革命以降、その増加速度は、長い人類の歴史の中では〝突然〟と言えるほど急激に上がるのです（**図6－2**では横軸の時間を途中省いていますが、省かないで描けば一九～二〇世紀前後でほぼ垂直に立ち上がるグラフになります）。

一八世紀以降の急激な科学技術の発展の結果、人類は大きなパワーを手に入れ、社会は急激に豊かになりました。その結果、環境破壊や世界規模のパンデミックなど、さまざまな問題も生まれてきました。いま科学技術は〝発展・パワー〟から〝持続・しなやかさ〟への大きな方向変換地点にいるのではないでしょうか？　そしてそのキーワードの一つがE–kagenであり、その流れの先端にいる一つがソフトロボット学だと私は思うのです。

E–kagen科学技術

読者の中には、E–kagenの考え方に胡散臭《うさん》さを感じる方もいらっしゃるかもしれません。誤解しないでほしいのですが、E–kagenとはいいかげんに物事を考えるという意味ではありません。論理的に真理を追究し、価値を創造する姿勢は、これまでの科学技術とまったく同じです。もしたまたま「良いかげん」にいった現象をE–kagenという言葉で片づけてしまい、どんな機序で「良いかげん」に働いたのかを解明しないのであれば、研究者としての仕事を放り投げているのと同じで、到底、科学技術とは呼べません。

そうではなく、あいまいさやいいかげんさといった視点や現象を科学技術に取り入れてそれらを論理的に扱うことで、〝ポスト発展社会〟に適した新しい科学技術の展開が期待できると考えているのです。

このような考え方を「E–kagen科学技術」と呼んで話を進めましょう。

E–kagen科学技術は、統計学や確率論と似ているかもしれません。統計学や確率論は、あいまいさやバラツキを含む事象を取り扱う学問ですが、そこで展開される議論はきわめて論理的です。あいまいさやバラツキといった概念は数学的に厳密に定義され、きわめて緻密な論理の組み立てにより客観的な結論が導き出されます。扱う対象はいいかげんですが、扱い方はきわめて論理的なのです。E-kagen 科学技術も、いいかげんさやあいまいさを取り入れ活用しますが、その扱い方は論理的であるべきです。

前々項で取り上げた E-kagen の実例を使って E-kagen 科学技術について考えてみましょう。ひと言にいいかげん、あいまいと言っても、その扱いやすさは個々のケースで状況が異なります。しだれ柳の強さは現在の機械工学できちんと説明できます。この知見に基づいて、ソフトロボットの身体の設計（どのような材料でどのような形状の身体を創れば、しだれ柳のような〝強さ〟を実現できるか）が可能になっています。これはすでに実用段階にある E-kagen 科学技術と言えます。

高分子材料の合成プロセスにおいて、原材料の品質に適度なばらつきを与えると優れた効果が生まれる場合がある、というのも、すでにその機序が解明されたり、近い将来解明される E-kagen 現象だと思います。E-kagen 現象が現れるメカニズムを科学的に解明することで、その適用や効果は大きく広がると思います。

一方、E-kagen 現象はたくさん知られているが、それが発現する機序を完全に解明することは難しい分野もあります。たとえば医学です。人間の身体のメカニズムは大変複雑ですし、個体差もあり、身体の反応メカニズムをきちんと解明するのは容易ではありません。たとえば、この原稿を書いている現在、もっとも社会の関心を集めている新型コロナワクチンを例にとっても、その効果と副反応を十分に理解するには、大勢の人に打ってみた結果を統計的、経験的に扱うしかないのが現状です。

さらに心の状態が身体に及ぼす影響まで考えると、身体の挙動の厳密な解明は不可能に近くなります。厳密な服薬や生活上の厳しい制約を患者さんに強いることで患者さんがそれをストレスに感じれば、病状が悪化するということもあり得ます。逆に「好きなことをして毎日気楽に過ごせばいいよ」という、ある程度いいかげんな日常生活を許容することで、良いかげんに病状が推移することもあり得るでしょう。E-kagen 現象が発現するメカニズムの解明があまりにも難しい分野では、少なくともしばらくは、E-kagen 科学技術はある程度経験則に基づいて進めるしかありません。

エンジニアリングにおける価値創造のプロセスでは、E-kagen という視点を持つこと自体に大きな意義があります。技術者本人がこれまでの常識に縛られ、それを本人が意識していないがために、新しい価値創造が阻害されているケースが大変多いと思うからです。

自然界では、DNAのコピーエラーを許容することによって進化・適応という機能を実現しているという考え方は、ひたすらエラーをゼロにすることをめざしてきた従来の科学技術に対して、重要な新しい視点を提供します。われわれ研究者・技術者は、ひたすらエラーをなくし緻密さを追求するという従来の科学技術の考え方に、気づかないうちに呪縛されてはいないでしょうか？　ゆるい生産管理によって個性豊かなぬいぐるみやヴィンテージワインが生まれる、という考え方は、従来のエラーゼロの思想に縛られた硬い頭からは出てきません。

いまから三五年前、ＦＭＡを学会で発表したとき、当時のロボット工学の権威の先生から、「グニャグニャしていて制御できない。二つの硬いパイプをＦＭＡにかぶせて曲がる箇所を一箇所にしてしまったほうがよい。そしたら制御しやすいだろう」というコメントをいただきました。現在のソフトロボット学から見れば、ソフトロボットの特長を潰す、受け入れられないコメントなのですが、パワーや精度を求める当時のロボット工学の常識でみれば、このようなコメントは案外自然な考え方だったと思います。

これまでの科学技術の常識に縛られていては、新しい時代の科学技術の発展の足かせになってしまいます。そういう意味で、あいまいさ、いいかげんさを受け入れて活用する、という視点を持つことは非常に重要なことだと思います。

E-kagen 科学技術は、従来の科学技術と同じように緻密で論理的であるべきだと先ほど書きましたが、一方で、それを超えた、E-kagen科学技術特有の進め方、考え方はないだろうか、と思うときがあります。

たとえば、ニューラルネットワークにおける個々のニューロンの物理的な意味はそもそもよくわかりませんし、それを明らかにして各ニューロンの挙動を緻密に解析することが、ニューラルネットワークの研究に適した〝緻密で論理的な〟やり方とも思えません。E-kagen科学技術特有の新しい緻密で論理的な研究の進め方がきっとあるはずです。

量子力学は緻密で論理的な学問ですが、たどり着いた先には、電子の位置と運動量は同時にはわからない、という不確定性原理が待ち受けていました。このような従来の常識の枠には入りきれない結論や知見に、E-kagen科学技術も到達できないかとひそかに期待するのです。

二　E-kagenなロボットが創るしなやかな未来

ソフトロボット学は実用の科学でもあります。本書の最後に、現在進められているソフトロボットの応用、実用化研究のいくつかを紹介しましょう。

実用という視点から見たソフトロボットの最大の特徴の一つは、人との親和性でしょう。力学的、幾何学的な親和性についてはすでに述べたとおりですが、それらを通じて機械と人との

図6－3　やわらかゲルハチ公（左）と人工クラゲ（右）。古川英光氏提供

精神的な親和性も生まれます。

古川英光先生（山形大学）は、さまざまなやわらかい素材を使ったロボットの研究をしています[6]。図6－3は古川先生らが開発したやわらかロボットです。図6－3左は渋谷の忠犬ハチ公をモデルとした「やわらかハチ公ロボット」です。やわらかなシリコーン樹脂で作られています。内部のヒータで三〇度から四〇度の〝体温〟を維持するタイプもあり、触り心地が非常に良いそうです。

頭部に埋め込まれた複数の触覚センサ、カメラ、マイクからの情報を基にAIを使ってハチ公の感情を作り出し、人の呼びかけや頭をなでる動作に反応して、鳴き声、振動、発光により各種表現を行います。

このロボットは、さまざまな展示会や、忠犬ハチ公の舞台である渋谷の商業施設で一般公開されてきました。大勢の人が実際に触ってきます。「やわらかい」という言葉は思わず触りたくなる気持ちを引き起こすようです。

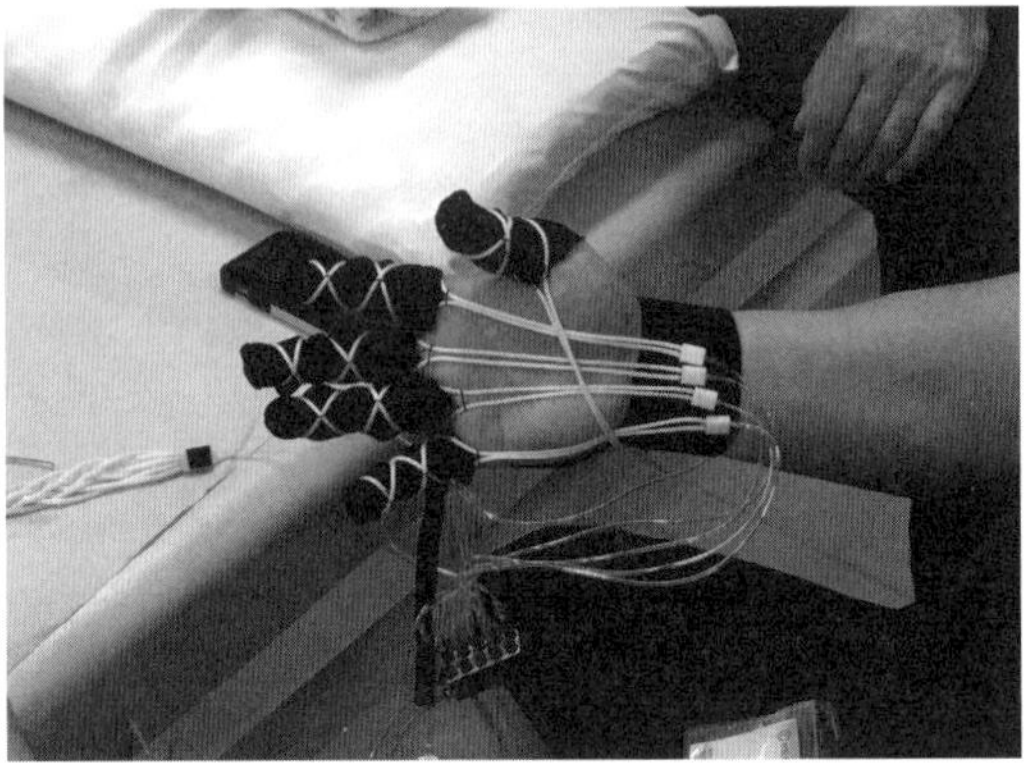

図6－4　リハビリ用グローブ。秋田大学との共同研究

古川先生らは、この特徴を生かして、医療施設や介護施設で被介護者や患者との〝触ることによる〟リラクゼーションやコミュニケーションをめざしています。

図6－3右は人工クラゲです。ハイドロゲルと呼ぶ水を含んだ高分子材料の成形品で、水槽内の水流によって優雅に動きます。水流によって生きているかのような動きを行うのは、第四章二節で紹介した「泳ぐマス」と同じです。やわらかい身体が周囲の環境と連成して創り出す優雅な動きは、見ているだけで癒されます。すでに、バーや介護施設、マンションのエントランスのディスプレイ用として商品化、販売されています。

人間の身体に装着する服や装具も、ソフトロボット学がターゲットにする有望な応用先です。

図6－4は、私たちが秋田大学の整形外科の先生方と共同で進めている「動く手袋」です(7)。人工筋肉によ

って開閉動作を繰り返し行います。脳卒中の後遺症で手の動きが不自由になった人のリハビリ装具です。このような開閉動作を行う装置はいままでもあったのですが、装置全体が硬い材料でできていて、重いという問題がありました。また、患者さんによって手の大きさや拘縮の状態がかなり異なるので、各患者さんに合わせた調整が大変でした。このリハビリ用グローブは、布と繊維とゴムだけでできているので、非常に軽く全体がやわらかいです。患者さんごとの手の大きさの違いはマジックテープを取りつける位置を移動するだけで行えますし、手に与える力も空気圧の調整で簡単に行えます。現在、患者さんに使ってもらい、試験を進めています。

図6－5は、発電するスーツです。第二章五節で紹介した福田憲二郎先生（理化学研究所）らが開発した薄膜太陽電池は高温にも耐えるので、これをアイロンワッペン（絵が描かれたワッペンをアイロンで服に熱溶着する）の要領で、スーツに貼りつけたものです。福田先生らが、AOKI、東レ、Xenomaといったアパレル関係のメーカと共同で開発したもので、「通勤中にスーツで発電　スマホを充電」をめざしたものです。

図6－5　通勤中にスーツで発電スマホを充電。福田憲二郎氏提供

第三章四節でお話ししたように、私はいま「パワーソフトロボット」という分野に力を入れて研究をしていま

す。ゾウの鼻のような、しなやかさと力強さを併せ持ったロボットに大きな可能性があると思っているからです。

ちょうどそんなとき、永谷圭司先生（東京大学）と大須賀公一先生（大阪大学）から、いままでにない新しい土木工事、建設工事用のロボットを作ろうという研究プロジェクトに誘われました。いままでの土木工事は、ショベルカーやブルドーザなど硬い機械を使って行われてきましたが、いままでにない奇抜な新しい建設・土木作業ロボットを作り、通常の土木工事はもちろん、災害地の復旧作業、さらに将来の月面基地建設のための新しい土木作業ロボットを作ろうというものです。**図6－6**は大須賀先生が描いたイメージ図（大須賀先生は「妄想建機」と呼んでいます）です。私がめざすパワーソフトロボットにぴったりです。いま、ムーンショットという内閣府の研究プロジェクト「多様な環境に適応しインフラ構築を革新する協働AIロボット」において共同で研究を進めています。

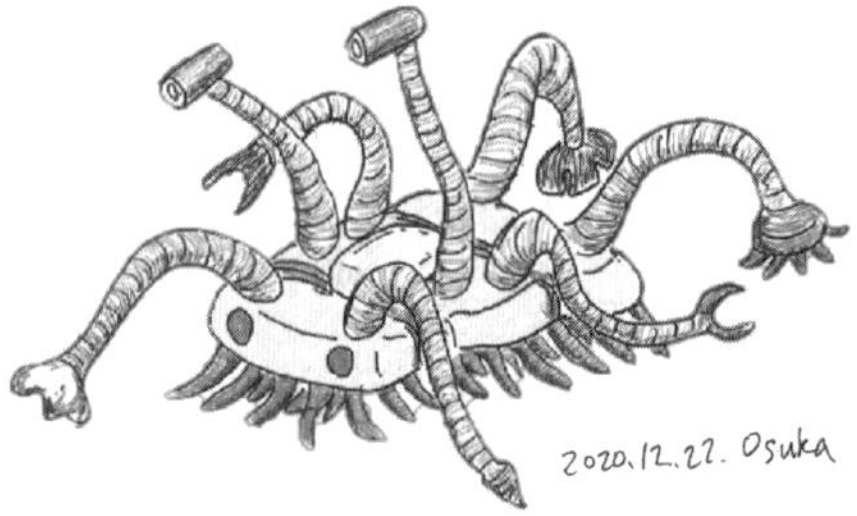

図6－6　妄想建機（パワーソフトロボットによる土工の革新）。大須賀公一氏デッサン

これまでに本書で紹介したE-kagenロボットを、産業、生活、医療、社会の四分野に分けて

図 6－7　E-kagen なロボットが創るしなやかな社会

図6－7にまとめました。

ソフトロボットはさまざまな分野で活躍しうるのです。ソフトロボットはロボット界における一種のゲームチェンジャーではないでしょうか。パワフルな力と知能で周囲を操ることをめざした従来のロボットに対し、ソフトロボットはやわらかい物腰で周囲に適応することで解を見つけだします。従来のロボットでは「あいまいさ」や「いいかげんさ」は許されませんでしたが、ソフトロボットではそれらを受け入れ、活用します。ソフトロボット学は、いままでのロボットとは目的、手段とも、大きく異なる考え方に基づいています。ソフトロボットはE–kagenロボットなのです。

この数世紀の間に人類は、これまでとは桁違いの速さと規模で高度な技術を手に入れました。その技術を力任せに駆使すれば、地球環境、あるいは人類の存在自体を破壊しかねない技術を手に入れたのです。これからは、環境をパワーで支配するのではなく、環境と調和する、しなやかな社会をめざすべきです。

E–kagenロボット、すなわち、ソフトロボットはそのパイオニアになりうる技術なのです。

おわりに

いま朝の五時です。江戸時代なら「卯《う》の刻」です。出勤前、夜明け前の静寂な部屋で原稿を書くのはとても楽しく、最近の私のお気に入りのひとときです。

時計の秒針がカチカチと正確に時を刻んでいます。科学技術のおかげで私たちは〝正確で効率の良い仕事〟を行えるようになりました。COVID-19のせいで最近はオンライン会議が普及し、私のスケジュール表は分単位で緻密に組み立てられます。学会会場へ向かう移動時間はゼロになり、非常に効率的な仕事が行えるようになりましたが、同時に、会議後の仲間との楽しい食事の時間もなくなりました。

あいまいさや余裕が毎日の生活からどんどん消えてゆくように感じます。今日もたくさんのオンライン会議が私のスケジュールをパズルのように埋めています。

少々行き過ぎかな……と感じます。江戸時代の時刻管理のように、もう少し〝おおらかさ〟

や〝いいかげんさ〟を許容する社会でないと新しい発想が出てこないのじゃないか、想定外の出来事に対して対応できない弱い社会になっているのではないか、と心配になります。

柔よく剛を制す、let it be、柳に雪折れなし、など、やわらかさ・しなやかさに関する格言や名言はたくさんあります。

弱さ、優しさ、いいかげんさ、さまざまな〝やわらかさ〟を人間は持っています。それを使って、他人と寄り添い、置かれた境遇や時代の流れに身を任せ、それでもしなやかに成長しながら生きていく。ソフトロボットについて考えるとき、人間の生き方や人生観にも重なるところが出てきます。そういう意味でも、ソフトロボットは人間に近い存在のロボットなのかもしれません。

日本文化には、〝硬さ・緻密さ〟と〝やわらかさ・あいまいさ〟が共存しています。二〇世紀後半の日本の経済発展は、まさしく緻密で正確な技術開発によるものです。半導体デバイス製造に代表される精密加工技術や品質管理は、いいかげんさを徹底的に排除しきることで実現されたものです。交通機関の運行時間の正確さも世界的に有名です。

いま日本では、霜降り牛、やわらかい食パンなど、やわらかい食べ物が好まれています。私はやわらかい食べ物を好むことは世界の標準かと思っていたら、あるとき、「日本の食べ物はやわらかすぎる、俺は硬い肉や硬いパンにかぶりつきたいのだ」と言っている外国人がいました。その言葉をきっかけに、ここのところ忘れていた、堅焼きせんべいやスルメイカのおいしさを私も再確認しました。

〝やわらかさ〟と〝硬さ〟の両方の意義を理解して、使い分けることが重要だと思います。ソフトロボットの研究においても、多様な考えや価値観を受け入れる〝やわらかい頭〟と同時に、〝あいまいさ、いいかげんさ〟を取り扱う〝論理的な思考〟の両方が必要だと強く感じます。

技術の説明だけではなく、こんなところにも面白さを感じつつ、楽しみながら本書を書き進めることができました。これも、人間と親和性の高いソフトロボット学という題材のおかげです。

ソフトロボットはいまも急速に研究が進んでいます。この原稿を書いている途中にも、新しいソフトロボットが、学術雑誌のみならずインターネットの動画サイトにも次々と出現してきています。

「はじめに」にも書いたとおり、本書は、さまざまな最新のソフトロボットの紹介ではなく、従来のロボットとの本質的な違いや、ソフトロボット特有の面白さを、実例を通して説明する、という姿勢で書きました。ですので、本書で取り上げたソフトロボットの研究例は、本書のストーリを組み立てるうえで私が説明しやすいものや、私と親しい方や私自身の研究成果を中心に使いました。海外の研究例はあまり多くは触れていませんが、国内外を含め、このほかにもさまざまな優れたソフトロボットの研究例がたくさんあることを付け加えておきます。検索サイトや動画サイトで、「soft robot」とか「softrobotics」などのキーワードで検索すれば、最新のソフトロボットが次々と見つかると思います。


本書をまとめるにあたり、貴重な資料や情報を提供いただいた皆様にはお礼申しあげます。とくに、文部科学省科学研究費補助金新学術領域「ソフトロボット学」（18H05465ほか）の関係者には、深くお礼申しあげます。さまざまな情報と意欲をいただいています。本書で紹介した多くの部分がこの活動によって得られたものです。また、私の研究室で研究に頑張ってくれた教職員並びに学生の皆さん、共同研究で寄与いただいた関係各位にも深く感謝します。

本書の出版を担当いただいた化学同人の津留貴彰さんには大変お世話になりました。

また、本原稿を一読いただき貴重なアドバイスをいただいた、芝浦工業大学の前田真吾教授、東京工業大学の遠藤玄教授、難波江裕之助教、鈴木直美さん、山本陽太君、山本明菜さんにも感謝いたします。

二〇二一年

鈴森　康一

（4）向殿政男『ファジーのはなし』日刊工業新聞社（1989）.
（5）高分子学会「特集 精密と曖昧のええ加減」『高分子』，**70**（**2**），76-92（2021）.
（6）国立研究開発法人科学技術振興機構「やわらかなロボットが示す有機材料の新たな可能性」『JST news』（2021年1月号）.
（7）S. Koizumi, et al., Soft Robotic Gloves with Thin McKibben Muscles for Hand Assist and Rehabilitation, *2020 IEEE/SICE International Symposium on System Integration*（*SII*）, 93-98（2020）. doi: 10.1109/SII46433.2020.9025832

第四章

（1）木谷光来ほか「Dual-SOM の位相構造学習に基づく発話ロボットの自律的音声獲得」『日本機械学会論文集 C』，**77**（**775**），1062-1070（2011）．https://doi.org/10.1299/kikaic.77.1062
（2）山田泰之ほか「蠕動運動型混合搬送機による個体推進薬連続製造の検討」『日本機械学会論文集』，**83**（**850**），16-00576（2017）．https://doi.org/10.1299/transjsme.16-00576
（3）J. C. Liao, Neuromuscular control of trout swimming in a vortex street: implications for energy economy during the Karman gait, *Jour. of Experimental Biology*, **207**, 3495-3506（2004）. doi: 10.1242/jeb.01125
（4）田中博人「昆虫の翅を規範とした柔軟なマイクロ人工翅」『精密工学会誌』，**81**（**5**），405-409（2015）．https://doi.org/10.2493/jjspe.81.405
（5）増田容一「無脳歩行現象：「弱い」モータや筋肉から発現する運動パターン」『日本ロボット学会誌』，**38**（**10**），920-925（2020）．https://doi.org/10.7210/jrsj.38.920
（6）近藤ほか「FMA ハンドを用いた微小物のハンドリング」『日本機械学会第 2 回バイオエンジニアリングシンポジウム』（1992）．
（7）梅舘拓也「真正粘菌変形体のアメーバ運動を規範としたソフトロボット」『計測と制御』，**54**（**4**），234-235（2015）．https://doi.org/10.11499/sicejl.54.242
（8）T. Sugi, et al., *C. elegans* collectively forms dynamical networks, *Nature Communications*, **10**, 683（2019）. https://doi.org/10.1038/s41467-019-08537-y
（9）前田真吾「ケミカルロボットの設計」『日本機械学会誌』，**117**（**1145**），249（2014）．https://doi.org/10.1299/jsmemag.117.1145_249
（10）中嶋浩平「物理リザバー計算の射程—ソフトロボットを例に」『システム／制御／情報』，**63**（**12**），505-511（2019）．https://doi.org/10.11509/isciesci.63.12_505
（11）田中剛平ほか『リザバーコンピューティング』森北出版（2021）．

第五章

（1）鈴森康一「新学術領域「ソフトロボット学」」『システム／制御／情報』，**63**（**12**），487-492（2019）．https://doi.org/10.11509/isciesci.63.12_487
（2）鈴森ほか『マイクロロボットのためのアクチュエータ技術』コロナ社（1998）．

第六章

（1）森政弘『「非まじめ」のすすめ』講談社文庫（1984）．
（2）呉善花『日本の曖昧力』PHP（2019）．
（3）鈴森康一「いいかげんなロボット」『日本設計工学会誌』，**52**（**10**），585-589（2017）．

（9）南之園彩斗ほか「柔らかく変形可能なモータ」『計測と制御』，**58**(**10**)，798-801（2019）．https://doi.org/10.11499/sicejl.58.798
（10）C. Jordi, et al., Fish-like propulsion of an airship with planar membrane dielectric elastomer actuators, *Bioinspiration & biomimetics*, **5**(**2**), 026007 (2010). doi: 10.1088/1748-3182/5/2/026007
（11）寺前凌ほか「幾何学的拘束により自己組織化する筋細胞ロボット」『日本機械学会ロボティクスメカトロニクス講演会』，1A1-J01（2020）．https://doi.org/10.1299/jsmermd.2020.1A1-J01
（12）鈴森康一「空圧ラバーアクチュエータ」『計測と制御』，**58**(**10**)，755-760（2019）．https://doi.org/10.11499/sicejl.58.755
（13）鈴森康一「細径人工筋肉の研究と実用化」『フルードパワーシステム』，**48**(**3**)，162-165（2017）．
（14）T. Abe, et al., Fabrication of 18 Weave Muscles and their Application to Soft Power Support Suit for Upper Limbs Using Thin McKibben Muscle, *IEEE Robotics and Automation Letters*, **4**(**3**), 2532-2538 (2019). doi: 10.1109/LRA.2019.2907433
（15）N. Takahashi, et al., Soft Exoskeleton Glove with Human Anatomical Architecture: Production of Dexterous Finger Movements and Skillful Piano Performance, *IEEE Trans. on Haptics*, **13**(**4**), 679-690 (2020). doi: 10.1109/TOH.2020.2993445
（16）T. Chang, et al., A Wearable Ankle Exercise Device for Deep Vein Thrombosis Prevention Using Thin McKibben Muscles, *2020 8th IEEE RAS/EMBS International Conference for Biomedical Robotics and Biomechatronics* (*BioRob*), 42-47 (2020), doi: 10.1109/BioRob49111.2020.9224295
（17）S. Kurumaya, et al., Musculoskeletal lower-limb robot driven by multifilament muscles, *Robomech Journal*, **3**, 18 (2016). https://doi.org/10.1186/s40648-016-0061-3
（18）レイモンド・チャンドラー『プレイバック』（清水俊二訳）早川書房（1977）．
（19）K. Suzumori, et al., Long bending rubber mechanism combined contracting and extending fluidic actuators, *2013 IEEE/RSJ International Conference on Intelligent Robots and Systems*, 4454-4459 (2013), doi: 10.1109/IROS.2013.6696996
（20）郡司芽久『キリン解剖記』ナツメ社（2019）．
（21）新倉敦彦ほか「キリンの首の解剖学知見に基づく筋骨格ロボットの試作と動作試験」『日本機械学会ロボティクス・メカトロニクス講演会 2020』，1P1-L03（2020）．https://doi.org/10.1299/jsmermd.2020.1P1-L03

(12) M. Takeichi, et al., Development of a 20-m-long Giacometti arm with balloon body based on kinematic model with air resistance, *2017 IEEE/RSJ International Conference on Intelligent Robots and Systems* (*IROS*), 2710-2716 (2017). doi: 10.1109/IROS.2017.8206097.
(13) 満田隆ほか「粒子内蔵型機械拘束要素の開発と身体装着型力覚提示装置への応用」『計測自動制御学会論文集』, **37**(**12**), 1134-1139 (2001). https://doi.org/10.9746/sicetr1965.37.1134
(14) 多田隈建二郎「トーラス型移動機構から柔軟グリッパ機構に至るまでの実際」『計測と制御』, **58**(**10**), 802-805 (2019). https://doi.org/10.11499/sicejl.58.802
(15) 福田憲二郎「柔らかな動きを生み出すための柔軟な発電技術」『システム／制御／情報』, **63**(**12**), 499-504 (2019). https://doi.org/10.11509/isciesci.63.12_499
(16) K, Yamagishi, et al., Elastic kirigami patch for electromyographic analysis of the palm muscle during baseball pitching, *NGP Asia Materials*, **11**, 80(2019). https://doi.org/10.1038/s41427-019-0183-1
(17) 山岸健人「インプランタブル・ワイヤレス発光デバイスによるメトロノミック光線力学療法の構築」『生体医工学』, **56**, S81 (2018). https://doi.org/10.11239/jsmbe.Annual56.S81

第三章

(1) 鈴森康一『ロボット機構学』コロナ社 (2004).
(2) S. Hirose, et al., The Development of Soft Gripper for the Versatile Robot Hand, *Mechanism and Machine Theory*, **13**, 351-359 (1978). https://doi.org/10.1016/0094-114X(78)90059-9
(3) 鈴森康一『アクチュエータ工学入門』講談社 (2014).
(4) O. Andorf, et al., Robot finger, US Patent 3981528, 1976.
(5) T. Kitamori, et al., Untethered Three-Arm Pneumatic Robot using Hose-free Pneumatic Actuator, *2016 IEEE/RSJ International Conference on Intelligent Robots and Systems* (*IROS*), 543-548(2016), doi: 10.1109/IROS.2016.7759106
(6) H. F. Schulte, The characteristics of the McKibben artificial muscle, The Application of External Power in Prosthetics and Orthotics, In *The Application of External Power in Prosthetics and Orthotics*, National Academy of Sciences (1961).
(7) 安積欣志「イオン導電性タイプの機能性高分子材料開発の動向」『計測と制御』, **54**(**1**), 5-12(2015). https://doi.org/10.11499/sicejl.54.5
(8) 難波江裕之ほか「イオン交換膜が実現するソフトモーション」『日本機械学会誌』, **122**(**1205**), 23-24 (2019). https://doi.org/10.1299/jsmemag.122.1205_23

『日本ロボット学会誌』, **37**(**1**), 57-60 (2019). https://doi.org/10.7210/jrsj.37.57
(18) 新山龍馬『やわらかいロボット』金子書房 (2018)：細田耕『柔らかヒューマノイドーロボットが知能の謎を解き明かす』化学同人 (2016)：鈴森康一『ロボットはなぜ生き物に似てしまうのか』講談社 (2012)：中村太郎『図解　人工筋肉—ソフトアクチュエータが拓く世界—』日刊工業新聞社 (2011).
(19) 日本ロボット学会編『ロボット工学ハンドブック (第3版)』(第4編第5章), コロナ社 (2021年刊行予定).

第二章

(1) 鈴森康一ほか「フレキシブルマイクロアクチュエータに関する研究 (第3報)」『日本機械学会論文C』, **57**(**536**), 1261-1266(1991). https://doi.org/10.1299/kikaic.57.1261
(2) 永瀬純也ほか「管内走行を目的とした円筒状湾曲型弾性クローラの開発」『日本ロボット学会誌』, **33**(**1**), 55-62 (2015). https://doi.org/10.7210/jrsj.33.55
(3) Y. Feng, et al., Safety-enhanced control strategy of a power soft robot driven by hydraulic artificial muscles, *Robomech Jour.*, **8**, 10 (2001). https://doi.org/10.1186/s40648-021-00194-5
(4) R. Niiyama, et al., Mowgli: A Bipedal Jumping and Landing Robot with and Artificial Musculoskeletal System, *Proceedings 2007 IEEE International Conference on Robotics and Automation*, 2546-2551 (2007). doi: 10.1109/ROBOT.2007.363848
(5) 鈴森康一「やわらかい機械のための材料技術」『計測と制御』, **34**(**4**), 281-286(1995). https://doi.org/10.11499/sicejl1962.34.4_281
(6) C. S. Haines, et al., Artificial Muscles from Fishing Line and Sewing Thread, *Science*, **343**(**6173**), 868-872 (2014). doi: 10.1126/science.1246906
(7) 鈴森康一, 把持装置, 特開平4-300189 (1992.10.23).
(8) K. Suzumori et al., Beautiful Flexible Microactuator Changing its Structural Color with Variable Pitch Grating, *2011 IEEE International Conference on Robotics and Automation*, 2771-2776 (2011). doi: 10.1109/ICRA.2011.5979945
(9) J. Shintake, et al., Soft pneumatic gelatin actuator for edible robotics, *2017 IEEE/RSJ International Conference on Intelligent Robots and Systems* (*IROS*), 6221-6226 (2017). doi: 10.1109/IROS.2017.8206525.
(10) S. Tibbits, 4D Printing: Multi-Material Shape Change, *Architectural Design*, **84**, 116-121 (2014). https://doi.org/10.1002/ad.1710
(11) 民山浩輔ほか「機械刺激により自己組織化する細胞触覚センサ」『日本機械学会ロボティクスメカトロニクス講演会』(2013). https://doi.org/10.1299/jsmermd.2013._1P1-C12_1

さらに詳しく知りたい人のための参考文献

第一章

（1）磯辺篤彦『海洋プラスチックごみ問題の真実―マイクロプラスチックの実態と未来予測』化学同人（2020）.

（2）多々良陽一「軟体機械」『高分子』，**23**(**268**)，520-523（1974）．https://doi.org/10.1295/kobunshi.23.520

（3）長田義仁，井坂隆「生物模倣ゲルアクチュエータ」『BME』，**8**(**2**)，9-12（1994）．https://doi.org/10.11239/jsmbe1987.8.2_9

（4）鈴森康一「フレキシブルマイクロアクチュエータに関する研究（第1報）」『日本機械学会論文C』，**55**(**818**)，2547-2552（1989）．https://doi.org/10.1299/kikaic.55.2547

（5）樋口俊郎「アクチュエータのマイクロ化」『精密工学会誌』，**57**(**12**)，2105-2108（1991）．https://doi.org/10.2493/jjspe.57.2105

（6）林輝「微小走行機械」『精密工学会誌』，**54**(**9**)，1646-1650（1988）．https://doi.org/10.2493/jjspe.54.1646

（7）本間大，三輪敬之，井口信洋「形状記憶効果によるマイクロマニピュレータ」『精密機械』，**50**(**2**)，377-382(1984)．https://doi.org/10.2493/jjspe1933.50.377

（8）小黒啓介「人工筋肉の可能性」『高分子』，**49**(**9**)，657（2000）．https://doi.org/10.1295/kobunshi.49.657

（9）吉村昭『光る壁画』新潮文庫（1984）.

（10）森政弘『「非まじめ」のすすめ』講談社文庫（1984）.

（11）広瀬茂男『生物機械工学―やわらかいロボットの基本原理と応用―』工業調査会（1987）.

（12）木下源一郎『やわらかいロボット』コロナ社（1992）.

（13）岡村弘之ほか「マイクロメカトロニクス・ソフトメカニクス」『日本ロボット学会誌』，**19**(**7**)，802-805（2001）．https://doi.org/10.7210/jrsj.19.802

（14）R. F. Shepherd, et al., Multigait soft robot, *PANS*, **108**(**51**), 20400-20403 (2011). https://doi.org/10.1073/pnas.1116564108

（15）E. Brown, et al., Universal robotic gripper based on the jamming of granular material, *PNAS*, **107**(**22**), 18809-18814 (2010). https://doi.org/10.1073/pnas.1003250107

（16）C. Laschi, et al., Soft Robot Arm Inspired by the Octopus, *Advanced Robotics*, **26**(**7**), 709-727 (2012). https://doi.org/10.1163/156855312X626343

（17）奥井学「新しい国際会議 IEEE Internal Conference on Soft Robotics の報告」

鈴森　康一（すずもり・こういち）

1984 年、横浜国立大学大学院工学研究科修士課程修了。同年株式会社東芝入社（2001 年まで勤務）。1990 年、横浜国立大学大学院工学研究科博士課程修了。財団法人マイクロマシンセンター国際交流課長（1999〜2001 年）、岡山大学教授（2001〜2014 年）を経て、現在、東京工業大学教授。株式会社 s-muscle および株式会社 H-MUSCLE の代表取締役。日本機械学会フェロー。日本ロボット学会フェロー。文科省新学術領域「ソフトロボット学」領域代表。
おもな著書に、『ロボットはなぜ生き物に似てしまうのか』、『アクチュエータ工学入門』（いずれも講談社）など。

DOJIN 選書　091

いいかげんなロボット

ソフトロボットが創《つく》るしなやかな未来《みらい》

第 1 版　第 1 刷　2021 年 11 月 10 日

検印廃止

著　　者　鈴森康一
発 行 者　曽根良介
発 行 所　株式会社化学同人
600-8074　京都市下京区仏光寺通柳馬場西入ル
編集部　TEL：075-352-3711　FAX：075-352-0371
営業部　TEL：075-352-3373　FAX：075-351-8301
振替　01010-7-5702
https://www.kagakudojin.co.jp　webmaster@kagakudojin.co.jp
装　　幀　BAUMDORF・木村由久
印刷・製本　創栄図書印刷株式会社

ISBN978-4-7598-1691-4
落丁・乱丁本は送料小社負担にてお取りかえいたします。

本書のご感想を
お寄せください